"十二五""十三五"国家重点图书出版规划项目

风力发电工程技术丛书

海上风电机组基础结构

陈达 等 编著

中国水利水电出版社
www.waterpub.com.cn
·北京·

内 容 提 要

本书是《风力发电工程技术丛书》之一，主要讲述了海上风力发电机组基础结构设计及其腐蚀防护等相关问题。全书共分为6章，主要内容包括绪论、海上风电机组基础结构环境荷载、桩承式基础、重力式基础、浮式基础以及海上风电机组基础防腐蚀等。本书深入浅出地介绍了海上风电机组基础设计的技术要点，内容系统、概念清晰、具有较强的针对性和实用性。

本书可作为高等院校相关专业的通用教材，也可供从事海上风电工程领域，尤其是海上风电机组基础建设的工程技术人员参考。

图书在版编目（CIP）数据

海上风电机组基础结构 / 陈达等编著. -- 北京 : 中国水利水电出版社, 2014.1(2021.3重印)
（风力发电工程技术丛书）
ISBN 978-7-5170-1562-8

Ⅰ. ①海… Ⅱ. ①陈… Ⅲ. ①海上工程—风力发电机—发电机组—结构 Ⅳ. ①TM315

中国版本图书馆CIP数据核字(2013)第311564号

书　　名	风力发电工程技术丛书 **海上风电机组基础结构**
作　　者	陈达　等 编著
出版发行	中国水利水电出版社 （北京市海淀区玉渊潭南路1号D座　100038） 网址：www.waterpub.com.cn E-mail：sales@waterpub.com.cn 电话：(010) 68367658（营销中心）
经　　售	北京科水图书销售中心（零售） 电话：(010) 88383994、63202643、68545874 全国各地新华书店和相关出版物销售网点
排　　版	中国水利水电出版社微机排版中心
印　　刷	北京瑞斯通印务发展有限公司
规　　格	184mm×260mm　16开本　7.75印张　184千字
版　　次	2014年1月第1版　2021年3月第2次印刷
印　　数	3001—5000册
定　　价	**32.00**元

《风力发电工程技术丛书》

编　委　会

本书编委会

主　　编　陈　达

副主编　黎　冰　陆忠民

参编人员　江朝华　陶爱峰　欧阳峰　侯利军　廖迎娣
李　炜　林毅峰　申宽育　黄春芳　王霁雪

参编单位　河海大学
东南大学
水电水利规划设计总院
上海勘测设计研究院
中国水电顾问集团华东勘测设计研究院有限公司
中国水电顾问集团西北勘测设计研究院有限公司
中国水电顾问集团中南勘测设计研究院有限公司

前　言

海上风资源丰富、开发潜力巨大，但受海浪、水流、泥沙输运等动力因素的影响，较之于陆上风电场，海上风电场建设所面临的工程技术和科学问题更为复杂。海上风电的开发与发展，急需大批专业技术人才，另一方面，相关结构设计等问题也亟待开展系统深入的研究和探索。笔者根据近年来的研究成果和工程实践经验，结合港口工程、陆上风电工程的相关技术以及国外相关标准编写了本书，充分考虑了学生的教学要求，风力发电专业和土建类、水利类专业本科生可根据不同的教学要求，修读全部内容或其中的部分内容。同时，本书也可供相关专业工程技术人员参考。

本书是《风力发电工程技术丛书》之一，针对海上风力发电机组（简称风电机组，基础结构设计相关问题进行阐述，目标明确，重点突出。本书在内容上尽可能反映海上风电机组基础的新结构、新方法和新技术，并与现行的国家和行业标准相一致。全书内容包括绪论、海上风电机组基础结构环境荷载、桩承式基础、重力式基础、浮式基础，以及海上风电机组基础防腐蚀等，共6章。

参编单位的王淡善、罗金平、蒋欣慰、郇彩云、宋础、刘蔚、刘玮、吉超盈、刘小松、钟耀、谢跃飞、李图强等同志对本书提出了许多宝贵意见，使其内容有了较大改进，特此致谢。本书的编写参阅了大量的参考文献，在此对其作者一并表示感谢。

希望本书能为读者的学习和工作提供帮助，限于作者的水平，书中难免有不妥之处，尚希读者批评指正。

作者

2013年10月

目　录

第1章　绪　　论

对可再生能源的开发和利用已经成为全人类共同关注的问题，我国在2007年发布的《可再生能源中长期发展规划》中已明确提出，到2020年中国可再生能源消费量将达到总能源消费量的15%，2012年8月发布的《可再生能源发展“十二五”规划》进一步明确，到2015年可再生能源年利用量达到4.78亿t标准煤，其中商品化年利用量达到4亿t标准煤，在能源消费中的比重达到9.5%以上。风能是我国目前除水能外应用技术最为成熟也最具规模的一种可再生能源，加上海上风能相对陆地更为丰富也更加稳定，且不占用陆地资源，因此其开发潜力巨大。但相对陆地风电场而言，受海浪、水流、泥沙输运等动力因素的影响，海上风电场建设所面临的科学问题和工程技术均更为复杂，其中海上风电机组基础造价是海上风电工程总造价的主要决定因素之一，慎重选择和合理设计海上风电机组的基础结构型式是海上风电场建设的关键。本书主要针对大规模海上风电场建设，围绕风电机组基础结构的基本种类、结构型式、适用条件、施工工艺等展开系统的阐述。

1.1　海上风电发展概况

风能是由地球表面大量空气流动所产生的动能，风能的大小决定于风速和空气的密度，据估计到达地球的太阳能中虽然只有大约2%转化为风能，但其总量仍是十分可观的。全球的风能资源约为2.74×10^{9}MW，其中可利用的风能为2×10^{7}MW，比地球上可开发利用的水能总量还要大10倍。自20世纪70年代初第一次世界石油危机以来，能源日趋紧张，各国相继制定法律，以促进利用可再生能源来代替高污染的不可再生能源。从世界各国可再生能源的利用与发展趋势看，风能、太阳能和生物质能发展速度最快，产业前景也最好。风力发电相对于太阳能、生物质能等新能源技术更为成熟、成本更低、对环境破坏更小，被称为最接近常规能源的新能源，因而成为产业化发展最快的清洁能源技术。

进入21世纪，全球可再生能源不断发展，其中风能始终保持最快的增长态势，并成为继石油燃料、化工燃料之后的核心能源。截至2011年底，全球风电装机容量达到了2.38×10^{5}MW，累计装机容量实现了21%的年增长率。全球超过75个国家有商业运营的风电装机，其中22个国家的装机容量超过1GW，风电正在以超出预期的发展速度不断增长。目前，丹麦用电量的28%来自风电，西班牙用电量的16%来自风电，德国用电量的8%来自风电，风电已成为欧洲国家能源转型的重要支撑，这也为全球能源结构转型树立了榜样。欧洲风能利用协会将在欧洲的近海岸地区进行风能开发利用，希望2020年风力发电能够满足欧洲居民的全部用电需求。

我国的风力发电始于20世纪80年代，发展相对滞后，但是起点较高。自从2006年1月1日开始实施《中华人民共和国可再生能源法》后，中国风电市场前期取得稳步发展，后期发展势头迅猛。如今在全球的风电发展中，中国的发展速度最快，截至2012年6月，中国并网风电达到5.26×10^4MW，国家电网调度范围达到5.03×10^4MW，超过美国，跃居世界第一。2012年8月发布的《可再生能源发展“十二五”规划》提出，到2015年，风电累计并网运行达1×10^5MW。与此同时，中国风电发展也存在着诸多制约因素，如风能资源与用电市场分布不一致导致严重弃风问题，风电上网电价补贴方式问题，风力发电税收政策转型问题等。

海上风能资源较陆上大，发电量高，而且海上风电具有不占用土地资源、受环境制约少、风电机组容量更大、年利用小时数更高、更具规模化开发的特点，使得近海风力发电技术成为近年来研究和应用的热点。中国可开发和利用的风能储量约为2.58×10^6MW，其中陆地上风能储量约2.38×10^6MW（依据陆地上离地50m高度资料计算），海上可开发和利用的风能储量约2×10^5MW。海上风能资源丰富，有巨大的蕴藏量和广阔的发展前景，特别是东部沿海水深50m内的海域面积辽阔，距电力负荷中心很近，随着开发技术的成熟，海上风电必将成为中国东部沿海地区可持续发展的重要能源。

1.1.1 国外海上风电发展概况

目前国外已建成且投入商业运行的海上风电场基本上都在欧洲，这主要是由于欧洲基本不受台风的影响，发展海上风电具有优势条件。自20世纪80年代起，欧洲就开始积极探讨海上风电开发的可行性。

瑞典于1990年安装了第一台试验性海上风电机组，离岸350m，水深6m，容量为220kW，该机组1998年停运。1997年开始在海上建立5台600kW的风电机组。2000年，兆瓦级风电机组开始在海上应用示范，并规划筹建11座海上风电场，截至2008年已建成15座海上风电场。

丹麦发展海上风电也较早，全国有6%的电力来自近海风电场。1991年丹麦在波罗的海洛兰岛西北沿海附近建成了世界上第一个海上风电场，安装11台450kW风电机组，1995年又建成10台500kW海上风电机组，2003年还建成了当时世界上最大的近海风电场，共安装80台2MW风电机组。出于对环境的考虑，丹麦的海上风电场只关注那些偏远的水深在5～11m之间的海域，所选的区域必须在国家海洋公园、海运路线、微波通道、军事区域等之外，距离海岸线7～40km，以使岸上的视觉影响降到最低。根据丹麦政府能源计划法案，2030年以前丹麦风力发电量将占全国总发电量的50%，其中，近1/4的风力发电量是由海上风电场供给。最近，丹麦政府提出到2050年全部摆脱对化石能源的依赖。

德国是欧洲地区风力发电的主阵地，由于缺乏合适的场地，德国陆上风电场的新建工作将在今后10多年中减缓，从而转向海上风电场的强制建设，目前已在12mile[1]开外的深水地区，以及近海地区建造了风电场。根据德国2002年公布的战略纲要，到2030年的

[1] “英里”的符号，1mile=1609.34m。

长期目标中，包括德国海岸地区、专属经济区（EEZ）和国土外围12mile范围内将达到2.5×10^{4}MW的安装容量，产生$7\times10^{10}\sim8.5\times10^{10}$kWh的电力。最近，德国提出到2050年80%的电力来自可再生能源。

2003年底，英国3个战略海域（利物浦海湾、沃什湾以及泰晤士河）的15个工程总装机容量逾7000MW，英国计划到2030年开发建设4.8×10^{4}MW的海上风电。

荷兰政府2010年达到1500MW装机容量的目标已经实现，爱尔兰海上风电场的领路者Arklow Bank电场已经达到25MW的装机容量，并将扩大至500MW。在爱尔兰东海岸地区正在进行另外6座电场的调研，拟达到1000MW的装机容量。

综上所述，海上风电场在欧洲已较为成熟。到2011年底，欧洲已建成53个海上风电场，分布在比利时、丹麦、芬兰、德国、爱尔兰、荷兰、挪威、瑞典和英国海域，装机容量达到3813MW，另有5603MW的风电场在建设中。欧洲风能协会2010年发布的海上风电发展目标是：到2020年装机容量达到4.0×10^{4}MW，2030年达到1.5×10^{5} MW。截至2012年2月，已建最大的海上风电场是英格兰西海岸坎布里亚郡外的Walney风电场，装机容量367MW，所占海域达73km^2。当前在建的世界上最大的海上风电场为英国London Array风电场，共安装175台3.6MW风电机组，装机容量630MW。截至2012年8月英国离岸风力发电量，位居全球第一，估计到2020年，其离岸风场发电量将达3.1×10^{10}kWh。

相对欧洲而言，北美海上风电发展较晚，截至目前还没有较大规模的风电场真正投入运行。加拿大目前准备建设的最大海上风电场是在安大略湖的Trillium风电场，装机容量为414MW。由于涉及环境法案的阻力，美国在2012年1月才在政策上基本确定支持尝试建立海上风电场，目前在风能资源丰富的东海岸已经陆续有相关计划得到支持，比较大的是Cape Cod风电场，预计装机容量可达454MW。

1.1.2 国内海上风电发展概况

在国外海上风电开始进入大规模开发阶段的背景下，我国海上风电场建设也拉开了序幕。我国东部沿海风能资源可开发量在50m高度约为2×10^{5}MW、70m高度约为5×10^{5}MW，不仅资源潜力巨大且开发利用市场条件良好。但是由于我国沿海经常受到台风影响，建设条件较国外更为复杂。

我国目前已建成的海上风电总装机容量约为250MW，其中上海东海大桥海上风电项目是我国首个大型海上风电项目，总装机容量102MW，采用34台3MW风电机组，2010年6月全部并网发电，其二期项目为1台单机容量5MW的样机，2011年10月并网运行，为我国首台并网运行的最大单机容量风电机组。江苏如东32MW（潮间带）试验风电场，共安装16台海上试验机组，分别为6台1.5MW风电机组、6台2.0MW风电机组、2台2.5MW风电机组和2台3.0MW风电机组，该项目于2009年6月15日开工建设，2010年9月28日全部投产发电。

根据我国2012年8月发布的《可再生能源“十二五”规划》，2015年我国海上风电将达到5×10^{3}MW，海上风电成套技术将形成完整的产业链；2015年后将实现规模化发展，达到国际先进水平；2020年海上风电将达到3×10^{4}MW。截至2012年8月，我国已开展前期工作和拟建的海上风电项目约24个，主要分布于江苏、浙江、上海、山东、福建和广东等地，江苏风电发展的步伐最快，有三个较大规模的风电场集中在该区域。2011年6月江苏如东150MW海上（潮间带）示范风电场开工建设，一期100MW工程选用17台华锐3MW风机和21台西门子2.38MW风机，2011年年底投产发电。二期50MW工程选用20台金风科技2.5MW风机，经过4个月的建设，于2012年11月23日投产发电。江苏大丰海上风电示范工程拟安装100台3MW风机，离岸直线距离约55km，场区水深3～13m，一期工程规模200MW，占用海域面积130km^2，预计总投资近50亿元。此外，江苏响水县近海风电场200MW示范项目拟安装67台3MW风机，总工期约32个月，工程总投资35.4亿元。

中国海上风力发电已经开始起步，且建设规模有望迅速增大，然而海上风电场建设至今没有国际通用的标准或规范，相关结构设计和施工工艺等基本问题亟待开展系统性的研究和探索。

1.2 海上风电机组基础结构的分类及组成

虽然海上风电发展潜力毋庸置疑，但是相对陆地风电场，海上风电场工程技术复杂，建设技术难度较大的特点也是显而易见的。海上风电机组通常由塔头（风轮与机舱）、塔架和基础三部分组成。其中，海上风电机组基础对整机安全至关重要，其结构具有重心高、承受的水平力和倾覆弯矩较大等特点，在设计过程中还需充分考虑离岸距离、海床地质条件、海上风浪以及海流、冰等外部环境的影响，从而导致海上风电机组基础的造价约占海上风电场工程总造价的20%～30%。在充分考虑海上风电场复杂环境条件的基础上，慎重选择海上风电机组基础结构型式，并进行合理设计是海上风电场建设的关键。

风电机组基础作为风电机组的支撑结构，对风电系统的安全运行起着至关重要的作用。风电机组基础型式需要根据风电场所处位置及技术、经济等综合因素决定。海上风电机组基础处于海洋环境中，不仅要承受结构自重、风荷载，还要承受波浪、水流力等；同时，风电机组本身对基础刚度、基础倾角和振动频率等均有非常严格的要求，因而海上风电机组基础结构设计复杂，结构型式也由于不同的海况而多样化。海上风电机组基础根据与海床固定的方式不同，可分为固定式和浮式两大类，类似于近海固定式平台和移动式平台。两类基础适应于不同的水深，固定式一般应用于浅海，适应的水深在0～50m，其结构型式主要分为桩承式基础和重力式基础。浮式基础主要用于50m以上水深海域，是海上风电机组基础的深水结构型式。

1.2.1 桩承式基础

桩承式基础结构受力模式和建筑工程中传统的桩基础类似，由桩侧与桩周土接触面产生的法向土压力承受结构的水平向荷载，由桩端与土体接触的法向力以及桩侧与桩周土接触产生的侧向力来承受结构的竖向荷载。桩承式基础按照桩身材料不同可分为钢管桩基础和钢筋混凝土管桩基础，按照结构型式不同可分为单桩基础、三角架基础、导管架基础和群桩承台基础等。

单桩基础是最简单的基础结构型式，其受力形式简单，一般在陆上预制而成，通过液压锤撞击贯入海床或者在海床上钻孔后沉入，如图1-1所示。其优点主要是结构简单、安装方便。其不足之处在于受海底地质条件和水深约束较大，水太深易出现弯曲现象，对冲刷敏感，在海床与基础相接处，需做好防冲刷措施，并且安装时需要专用的设备（如钻孔设备），施工安装费用较高。单桩基础也是目前使用最为广泛的一种基础型式，国外现有的大部分海上风电场，如丹麦的 Horns Rev 和 Nysted、爱尔兰的 Arklow Bank、英国的 North Hoyle、Scroby Sands 和 Kentish Flats 等大型海上风电场均采用了这种基础。

图1-1 单桩基础

随着水深的增加，单桩基础便不再适合，因为采用单桩基础既不经济，而且技术上的难度加大，施工可行性减低。因此，三角架基础应运而生。三角架基础吸取了海上油气开采中的一些经验，采用标准的三腿支撑结构，由圆柱钢管构成，增强了周围结构的刚度和强度，如图1-2所示。三角架的中心轴提供风机塔架的基本支撑，类似单桩基础。三角架基础适用于比较坚硬的海床，具有防冲刷的优点。德国的 Alpha Ventus 海上风电场首批海上机组中的6台，以及我国江苏如东150MW海上（潮间带）示范风电场的金风科技2.5MW机组都采用了三角架基础。

图1-2 三角架基础

导管架基础如图1-3所示，它是一个钢质锥台形空间框架，以钢管为骨棱，基础为三腿或四腿结构，由圆柱钢管构成。基础通过结构各个支腿处的桩打入海床。导管架基础的特点是基础的整体性好，承载能力较强，对打桩设备要求较低。导管架的建造和施工技术成熟，基础结构受到海洋环境载荷的影响较小，对风电场区域的地质条件要求也较低。2006年，英国在其北海海域开展的 Beatrice 试验性项目中采用了导管架基础，项目所在海域水深48m，导管架高62m，平面尺寸20m×20m，桩长44m，桩径1.8m，桩的壁厚60mm。瑞典的 Utgrunden Ⅱ 海上风电场项目也采用了导管架基础。

图1-3 导管架基础

群桩承台基础为码头和桥墩常用的结构型式，由桩和承台组成，如图1-4所示。根

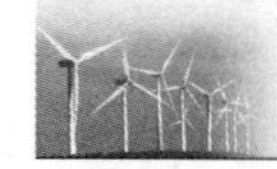

图1-4 群桩承台基础

据实际的地质条件和施工难易程度，可以选择不同根数的桩，外围桩一般整体向内有一定角度的倾斜，用以抵抗波浪、水流荷载，中间以填塞或者成型方式连接。承台一般为钢筋混凝土结构，起承上传下的作用，把承台及其上部荷载均匀地传到桩上。群桩承台基础具有承载力高，抗水平荷载能力强，沉降量小且较均匀的特点，缺点是现场作业时间较长，工程量大。我国上海东海大桥海上风电场项目即采用了世界首创的风电机组群桩承台基础。基础由8根直径为1.7m的钢管桩与承台组成，钢管桩为5.5：1的斜桩，管材为Q345C，上段管壁厚30mm，下段管壁厚25mm，桩长为81.7m。8根桩在承台底面沿以承台中心为圆心，半径为5m的圆周均匀布置。

1.2.2 重力式基础

重力式基础顾名思义就是利用自身的重力来抵抗整个系统的滑动和倾覆。重力式基础一般由胸墙、墙身和基床组成，如图1-5所示。胸墙的作用主要有：①将塔筒和墙身连成整体；②直接承受冰荷载、船舶撞击等荷载，并将这些荷载传给下部结构；③设置防冲设施、系船设施和安全设施等。胸墙一般位于水位变动区，又直接承受波浪、冰凌和船舶的撞击作用，受力情况复杂，需要有足够的整体性和耐久性。胸墙设计时要考虑结构整体性、强度、刚度以及上部设备和塔筒安装的需要。墙身的作用是支撑胸墙，并将作用在上部及自身的荷载传给地基。基床的作用是扩散、减小地基应力，降低沉降，保护地基不受冲刷，便于整平地基，安装墙身等。

图1-5 重力式基础

重力式基础根据墙身结构不同可划分为沉箱基础、大直径圆筒基础和吸力式基础。其中沉箱基础和大直径圆筒基础是码头中常用的基础结构型式，一般为预制钢筋混凝土结构，依靠自身及其内部填料的重力来维持整个系统的稳定使风电机组保持竖直。重力式基础必须有足够的自重来克服浮力并保持稳定。因此，重力式基础是所有基础类型中体积和质量最大的。此外，还可以通过往基础内部填充铁矿、砂石、混凝土和岩石等来提高基础的重力。重力式基础的重量和造价随着水深的增加而成倍增加。为避免基础与海床间的浮力，需具有足够的压重。重力式基础具有结构简单、造价低、抗风暴和风浪袭击性能好等优点，其稳定性和可靠性是所有基础中最好的。其缺点在于，地质条件要求较高，并需要预先处理海床，由于其体积大、重量大（一般要达1000t以上），海上运输和安装均不方便，并且对海浪的冲刷较敏感。丹麦的Vindeby和Middelgrunden海上风电场采用了这种基础型式。

吸力式基础是一种特殊的重力式基础，也称负压桶式基础，分为单桶（即一个吸力桶）、三桶和四桶几种结构型式。这是一种新的基础结构概念，在浅海和深海区域中都可以使用。在浅海中的吸力桶实际上是传统桩基础和重力式基础的结合，在深海中作为浮式

基础的锚固系统，更能体现出其经济优势。吸力式基础利用了负压沉贯原理，是一钢桶沉箱结构，钢桶在陆上制作好以后，将其移于水中，向倒扣放置的桶体充气，将其气浮漂运到就位地点，定位后抽出桶体中的气体，使桶体底部附着于泥面，然后通过桶顶通孔抽出桶体中的气体和水，形成真空压力和桶内外水压力差，利用这种压力差将桶体插入海床一定深度，省去了桩基础的打桩过程。桶式基础大大节省了钢材用量和海上施工时间，采用负压施工，施工速度快，便于在海上恶劣天气的间隙施工。由于吸力式基础插入深度浅，只需对海床浅部地质条件进行勘察，而且风电场寿命终止时，可以简单方便地拔出并可进行二次利用。但在负压作用下，桶内外将产生水压差，引起土体渗流，虽然渗流能大大降低下沉阻力，但是过大的渗流将导致桶内土体产生渗流大变形，形成土塞，甚至有可能使桶内土体液化而发生流动等，在下沉过程中容易产生倾斜，需频繁矫正。丹麦的 Frederikshavn 海上风电场的建设中首次使用了吸力式基础。

1.2.3 浮式基础

浮式基础由浮体结构和锚固系统组成，如图 1-6 所示。浮体结构是漂浮在海面上的合式箱体，塔架固定其上，根据锚固系统的不同而采用不同的形状，一般为矩形、三角形或圆形。锚固系统主要包括固定设备和连接设备，固定设备主要有桩和吸力桶两种，连接设备大体上可分为锚杆和锚链两种。锚固系统相应地分为固定式锚固系统和悬链线锚固系统。浮式基础是海上风电机组基础的深水结构型式，主要用于 50m 以上水深海域。

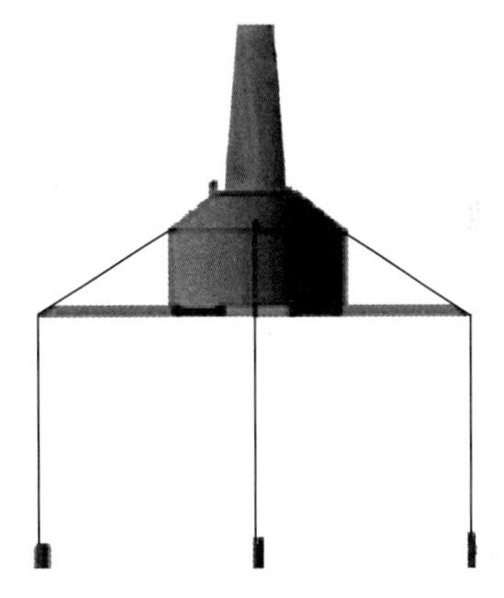

图 1-6　浮式基础

浮式基础按照基础上安装的风电机组的数量分为多风电机组式和单风电机组式。多风电机组式即指在一个浮式基础上安装有多个风电机组，但因稳定性不容易满足和所耗费的成本过高，一般不予考虑。单风电机组式主要参考现有海洋石油开采平台而提出，因其技术上有参考对象，且成本较低，是未来浮式基础发展的主要方向。

浮式基础按系泊系统不同主要可分为 Spar 式基础、张力腿式基础和半潜式基础三种结构型式。Spar 式基础通过压载舱使得整个系统的重心压低至浮心之下来保证整个风电机组在水中的稳定，再通过悬链线来保持整个风电机组的位置。张力腿式基础通过操作张紧连接设备使得浮体处于半潜状态，成为一个不可移动或迁移的浮体结构支撑。张力腿通常由 1～4 根张力筋腱组成，上端固定在合式箱体上，下端与海底基座相连或直接连接在固定设备顶端，其稳定性较好。半潜式基础依靠自身重力和浮力的平衡，以及悬链线锚固系统来保证整个风电机组的稳定和位置，结构简单且生产工艺成熟，单位吃水成本最低，经济性较好。

浮式基础属于柔性支撑结构，能有效降低系统固有频率，增加系统阻尼。与固定式基础相比，其成本较低，容易运输，而且能够扩展现有海上风电场的范围。由于深海风电机组承受荷载的特殊性、工作状态的复杂性、投资回报效率等，浮式基础目前在风电行业仍处于研究阶段。

参 考 文 献

[1] 中华人民共和国国家发展和改革委员会．可再生能源中长期发展规划 [R]. 2007.

[2] 中华人民共和国国家能源局．可再生能源发展“十二五”规划 [R]. 2012.

[3] 单力．海上风电稳步兴起 [J]. 环境，2006，12：42-44.

[4] 郭越，王占坤．中欧海上风电产业发展比较 [J]. 中外能源，2011，26 (3)：22-26.

[5] 李俊峰，施鹏飞，高虎．中国风电产业发展现状与展望 [J]. 电气时代，2011，3：39-44.

[6] 刘林，葛旭波，张义斌，尹明，李利．我国海上风电发展现状及分析 [J]. 能源技术经济，2012，24 (3)：66-72.

[7] 黄东风．欧洲海上风电的发展 [J]. 新能源及工艺，2008，2：22-27.

[8] 邢作霞，陈雷，王超，程志勇．欧洲海上风电场及其运行经验 [J]. 可再生能源，2006，127 (3)：98-101.

[9] Offshore wind power[EB/OL]. http://en.wikipedia.org/wiki/Offshore_wind_power.

[10] Andrew R. Henderson, Bernard Bulder, Rene Huijsmans et. al. Feasibility study of floating windfarms in shallow offshore sites [J]. Wind engineering, 2003, 27(5): 405-418.

[11] 徐荣彬．海上风电场风机基础结构形式探讨 [J]. 建材技术与应用，2011，7：7-9.

[12] 葛川，何炎平，叶宇，杜鹏飞．海上风电场的发展、构成和基础形式 [J]. 中国海洋平台，2008，23 (6)：31-35.

[13] 黄维平，李兵兵．海上风电场基础结构设计综述 [J]. 海洋工程，2012，30 (2)：150-155.

[14] 李静，孙亚胜．海上风力发电机组的基础形式 [J]. 上海电力，2008 (3)：314-317.

[15] 陈达，张玮．风能利用和研究综述 [J]. 节能技术，2007，25 (144)：339-343.

第2章 海上风电机组基础结构环境荷载

与陆地风电场相比，海上风电机组基础结构不仅承受着来自塔筒以上的荷载，还承受海洋环境中的波浪、水流、冰凌，以及船舶等荷载作用，在对海上风电机组基础结构设计中，对各种荷载进行合理计算以及组合分析，对于保证风电机组的稳定性和海上风电场建设的经济性都非常重要。

2.1 基础结构的极限状态和设计状况

如果因为整个结构或结构的一部分超过某一特定状态，导致不能满足设计规定的某一功能要求，此特定状态即称为该功能的极限状态。极限状态是区分结构物的工作状态为可靠或不可靠的标志。

海上风电机组基础结构的极限状态可分为承载能力极限状态和正常使用极限状态两类。承载能力极限状态对应于结构或结构的某一部分（即构件）达到最大承载力或不适于继续承载变形的状态，这是与结构安全性有关的最大承载能力状态，超过这一状态结构就不安全。正常使用极限状态对应于结构或结构的某一部分（即构件）达到正常使用或耐久性能的某项规定限值的状态。确定正常使用极限状态，通常是采用一个或几个约束条件，例如混凝土裂缝的开展宽度、外观的变形量、地基的沉降量等，它们的限值应满足使用要求。

由于海上风电机组基础结构在施工、运行及维修时的环境条件均不相同，因此在对基础结构设计时必须针对不同状况进行设计。海上风电机组基础结构的设计状况可分为持久状况、短暂状况、地震状况和偶然状况。持久状况为持续时段与设计使用年限相当的设计状况，通常要按承载能力极限状态的持久组合和正常使用极限状态分别进行设计。短暂状况是在结构施工和使用过程中一定出现，而与设计使用年限相比，持续时段较短的设计状况，如施工、维修和短期特殊使用等。短暂状况一般仅需按承载能力极限状态进行设计，必要时也可同时按正常使用极限状态进行设计。地震状况是结构遭受地震作用时的设计状况，应按承载能力极限状态进行设计。偶然状况是偶发的使结构产生异常状态的设计状况，应按承载能力极限状态进行设计。

2.2 海上风电机组基础结构上的作用及组合

施加在结构上的集中力和分布力，以及引起结构外加变形和约束变形的原因，总称为结构上的作用，分为直接作用和间接作用两种。集中力和分布力是直接作用，工程上习惯将它们称为“荷载”。引起结构外加变形和约束变形的原因为间接作用，如地基沉降、混凝土收缩变形、温度变形等。本章所述的作用为直接作用。

2.2.1　作用的分类

施加在风电机组基础结构上的作用可按时间的变异、空间位置的变化和结构的反应进行分类，分类的主要目的是作用效应组合的需要。

按时间的变异可将作用分为永久作用、可变作用和偶然作用三种。在设计使用年限内始终存在，且其量值随时间的变化与平均值相比可忽略不计的作用称为永久作用，如设备、塔筒和基础结构的自重等。在设计使用年限内，其量值随时间变化与平均值相比不可忽略的作用称为可变作用，如风荷载、波浪荷载、水流荷载和冰荷载等。在设计使用年限内不一定出现，但一旦出现其量值很大且持续时间很短的作用称为偶然作用，如海上漂浮物和船舶的撞击力等。

按作用点空间位置的变化可将作用分为固定作用和自由作用两种。在结构上具有固定分布的作用称为固定作用，如固定设备、塔筒和基础结构自重等。在结构的一定范围内可以任意分布的作用称为自由作用，如风荷载、波浪荷载、水流荷载、冰荷载和船舶荷载等。

按结构的反应将作用分为静态作用和动态作用两种。加载过程中结构产生的加速度可以忽略不计的作用称为静态作用，如自重等；加载过程中结构产生不可忽略的加速度的作用称为动态作用，如地震作用、船舶撞击力等。

2.2.2　作用组合和作用代表值

海上风电机组基础结构在使用过程中，常有多个作用同时出现的情况，因此，在进行基础结构设计时，要根据不同的极限状态和设计状况进行各种作用的效应组合。对于承载能力极限状态可依据设计状态分为持久组合、短暂组合、地震组合和偶然组合四种。持久组合是永久作用和持续时间较长的可变作用组成的作用效应组合，短暂组合是包括持续时间较短的可变作用所组成的作用效应组合，地震组合是包含地震作用所组成的作用效应组合，偶然组合是包含偶然作用所组成的作用效应组合。对于正常使用极限状态可分为持久状况和短暂状况，其中持久状况作用又分为标准组合、频遇组合和准永久组合三种。

进行结构设计时，对于不同的极限状态和组合，在设计表达式中采用不同的作用代表值。作用代表值分为标准值、组合值、频遇值和准永久值四种。标准值是作用的主要代表值；组合值是代表作用在结构上同时出现的量值的组合；频遇值是代表作用在结构上时而出现的较大值；准永久值是代表作用在结构上经常出现的量值，它在设计基准期内具有较长的总持续期。

永久作用的代表值仅有标准值。可变作用的代表值有标准值、组合值、频遇值和准永久值。偶然作用的代表值一般根据观测和试验资料或工程经验综合分析确定。在海上风电机组基础结构设计中，设计水位也是一个相当重要，又比较复杂的问题。而可变作用代表值的取值和设计水位的考虑都与作用效应组合情况有关，见表 2-1。

表 2-1 可变作用代表值的取值和计算水位

极限状态	设计状况	组合情况	可变作用代表值的取值	计算水位
承载能力极限状态	持久状况	持久组合	主导可变作用取标准值；非主导可变作用取组合值（标准值乘以组合系数 ψ_0，ψ_0 取 0.7）	对极端高、低水位，设计高、低水位及其间的某一不利水位分别进行计算
	短暂状况	短暂组合	按 2.3 节中的计算方法计算	对设计高、低水位分别进行计算
	地震状况	地震组合	按有关抗震规范确定，可参考《水运工程抗震设计规范》（JTS 146—2012）	
	偶然状况	偶然组合	与偶然作用同时出现的可变作用取标准值	
正常使用极限状态	持久状况	标准组合	主导可变作用取标准值；非主导可变作用取组合值（标准值乘以组合系数 ψ_0，ψ_0 取 0.7）	与承载能力极限状态相比，可不考虑极端水位
		频遇组合	取可变作用的频遇值（标准值乘以频遇值系数 ψ_1，ψ_1 取 0.7）	
		长期效应（准永久组合）	取可变作用的准永久值（标准值乘以准永久值系数 ψ_2，ψ_2 取 0.6）	
	短暂状况	短暂组合	取标准值	

2.2.3 极限状态设计表达式

2.2.3.1 承载能力极限状态

结构承载能力极限状态的计算公式为

$$\gamma_0 S_d \leqslant R_d \tag{2-1}$$

式中 γ_0——结构重要性系数，可参考《风电机组地基基础设计规定》（FD 003—2007），按表 2-2 取值；

S_d——作用效应设计值，如法向应力、剪力和弯矩等的设计值，S_d 的表达式与作用效应组合有关；

R_d——结构抗力设计值，如抗压、抗拉、抗剪和抗弯强度等的设计值。

表 2-2 海上风电机组基础结构的安全等级和结构重要性系数 γ_0

基础结构安全等级	一　级	二　级
基础破坏后果	很严重	严重
结构重要性系数 γ_0	1.1	1.0

1. 持久状况的持久组合

$$S_d = \sum_{i=1}^{m} \gamma_{Gi} C_{Gi} G_{ik} + \gamma_{Q1} C_{Q1} Q_{1k} + \psi_0 \left(\sum_{j=2}^{n} \gamma_{Qj} C_{Qj} Q_{jk} \right) \tag{2-2}$$

式中　G_{ik}，Q_{1k}，Q_{jk} ——第 i 个永久作用、主导可变作用和第 j 个非主导可变作用标准值；

C_{Gi}，C_{Q1}，C_{Qj} ——第 i 个永久作用、主导可变作用和第 j 个非主导可变作用的效应系数；

γ_{Gi}，γ_{Q1}，γ_{Qj} ——第 i 个永久作用、主导可变作用和第 j 个非主导可变作用分项系数，可参考《港口工程荷载规范》（JTS 144—1—2010），按表 2－3取值；

ψ_0 ——组合系数，取 0.7。

表 2－3　作用分项系数

荷载名称	分项系数	荷载名称	分项系数
永久荷载	1.2	风荷载	1.4
船舶系缆力	1.4	水流荷载	1.5
船舶挤靠力	1.4	冰荷载	1.5
船舶撞击力	1.5	波浪荷载	1.5

注：1. 当两个可变作用完全相关时，其非主导可变作用应按主导可变作用考虑。
2. 当永久荷载产生的作用效应对结构有利时，永久作用分项系数的取值不大于 1.0。
3. 在极端高水位和极端低水位情况下，承载能力极限状态持久组合的可变作用分项系数可减小 0.1。

2. 短暂状况的短暂组合

$$S_d = \sum_{i=1}^{m} \gamma_{Gi} C_{Gi} G_{ik} + \sum_{j=1}^{n} \gamma_{Qj} C_{Qj} Q_{jk} \tag{2-3}$$

式中　γ_{Qj} ——第 j 个可变作用分项系数，可按表 2－3 中所列数值减小 0.1 取值；

其他符号意义同前。

3. 地震状况的地震组合

可参考《水运工程抗震设计规范》（JTS 146—2012）有关规定进行计算确定。

4. 偶然状况的偶然组合

偶然作用的代表值分项系数为 1.0，与偶然作用同时出现的可变作用取标准值。

2.2.3.2　正常使用极限状态

结构正常使用极限状态的表达式为

$$S_d \leqslant C_d \tag{2-4}$$

式中　S_d ——作用效应设计值，如变形、裂缝宽度和沉降量等的设计值；

C_d ——限值，如规定的最大变形、裂缝宽度和沉降量等的设计值。

对正常使用极限状态，应根据不同的设计要求，分别考虑以下可能的作用效应组合。

1. 持久状况的标准组合

$$S_d = \sum_{i=1}^{m} C_{Gi} G_{ik} + C_{Q1} Q_{1k} + \psi_0 \left(\sum_{j=2}^{n} C_{Qj} Q_{jk} \right) \tag{2-5}$$

2. 持久状况的频遇组合

$$S_d = \sum_{i=1}^{m} C_{Gi} G_{ik} + \psi_1 \left(\sum_{j=2}^{n} C_{Qj} Q_{jk} \right) \tag{2-6}$$

3. 持久状况的准永久组合

$$S_d = \sum_{i=1}^{m} C_{Gi} G_{ik} + \psi_2 \left(\sum_{j=1}^{n} C_{Qj} Q_{jk} \right) \tag{2-7}$$

4. 短暂状况的短暂组合

$$S_d = \sum_{i=1}^{m} C_{Gi} G_{ik} + \left(\sum_{j=1}^{n} C_{Qj} Q_{jk} \right) \tag{2-8}$$

式中　ψ_0 ——可变作用组合系数，取0.7；

ψ_1 ——可变作用频遇值系数，取0.7；

ψ_2 ——可变作用准永久值系数，取0.6；

其他符号意义同前。

2.3　海上风电机组基础结构上的作用确定

海上风电机组基础结构上的荷载主要包括：①经由塔筒传递下来的塔筒与设备自重，以及作用其上的风荷载等；②基础结构自重；③风荷载；④波浪荷载；⑤水流荷载；⑥寒冷地区存在的冰荷载；⑦船舶荷载；⑧地震作用等。其中，经由塔筒传递下来的塔筒与设备自重，以及作用其上的风荷载等，可由风机生产厂家直接提供。

2.3.1　风荷载

作用在海上风电机组基础结构上的风荷载标准值的计算公式为

$$W_z = \beta_z \mu_s \mu_z W_0 \tag{2-9}$$

式中　W_z ——作用在结构 z 高度处单位投影面积上的风荷载标准值，kPa（按风向投影）；

β_z ——z 高度处的风振系数；

μ_z ——z 高度处的风压高度变化系数；

μ_s ——风荷载体型系数；

W_0 ——基本风压，kPa。

上述系数 β_z、μ_z、μ_s 可参考《高耸结构设计规范》（GB 50135—2006）相关规定获得。

基本风压 W_0 的计算公式为

$$W_0 = \frac{1}{1600} v^2 \tag{2-10}$$

式中　v ——风电机组附近的空旷地面，离地10m，重现期50年的10min平均最大风速，m/s。

当无实测风速资料时，基本风压可参考《港口工程荷载规范》（JTS 144—1—2010）相关规定获得。

按照《风电机组地基基础设计规定（试行）》（FD 003—2007），鉴于风电机组风荷载的随机性较大且不易模拟，风荷载应采用荷载修正安全系数 k_0 修正后的荷载修正标准值（k_0 一般取1.35）。

2.3.2 波浪荷载

波浪荷载是引起海洋工程结构疲劳及断裂的主要荷载，分析和计算波浪对海洋结构物的作用是一项必须且重要的工作。计算波浪荷载的最常用公式是Morison方程，虽然只是计算圆柱波浪荷载的半经验公式，但在工程中却被广泛应用，主要用来计算桩等圆柱体所受到的波浪荷载。Morison方程是1950年Morison等人引入的一个半经验公式。根据Morison方程，作用在桩等圆柱体上的波浪荷载可以分为两部分：一部分是由于波浪本身运动冲击圆柱的拖曳力；一部分为波浪水质点运动引起的对圆柱的惯性力。公式的物理意义在于将波浪作用于圆柱结构上的力分解为速度分力和惯性分力，再按力矢合成原理，将速度分力和惯性分力叠加，其合力才是波浪对圆桩结构的作用力。从原理而言，Morison公式只能适用于 $D/L\leqslant 0.2$ 的小尺度圆柱（D 为圆柱直径，L 为波长），超过此范围的大尺度圆柱需要考虑绕射效应，或先由Morison公式算出初值，然后由实践经验进行修订。

2.3.2.1 小尺度桩柱波浪力

1. 波浪力计算

对于 D/L 或 $b/L\leqslant 0.2$ 的小尺度桩柱，当 $H/d\leqslant 0.2$ 且 $d/L\geqslant 0.2$ 或 $H/d>0.2$ 且 $d/L\geqslant 0.35$ 时，作用于水底面以上高度 z 处（图2-1）柱体全断面上与波向平行的正向力由速度分力和惯性分力组成，即

$$p_D=\frac{1}{2}\frac{\gamma}{g}C_D Du\left|u\right| \tag{2-11}$$

$$p_I=\frac{\gamma}{g}C_M A\frac{\partial u}{\partial t} \tag{2-12}$$

式中　p_D——波浪力的速度分力，kN/m；
p_I——波浪力的惯性分力，kN/m；
γ——海水的重度，kN/m^3，可取 $10.2kN/m^3$；
g——重力加速度，m/s^2，可取 $9.8m/s^2$；
D——柱体直径，m，当为矩形断面时，D 改为 b；
A——柱体的断面面积，m^2；
u——水质点轨道运动的水平速度，m/s；
$\partial u/\partial t$——水质点轨道运动的水平加速度，m/s^2；
C_D，C_M——速度力系数和惯性力系数，可参考下节内容选取。

2. 关键参数的取值

速度力系数 C_D 和惯性力系数 C_M 应尽量由试验确定，在缺少资料时，可参考《海港水文规范》（JTS 145—2—2013）和《滩海环境条件与荷载技术规范》（SY/T 4084—2010）的做法，对圆形断面取 $C_D=1.2$，对方形或 $a/b\leqslant 1.5$ 的矩形断面取 $C_D=2.0$；对圆形断面取 $C_M=2.0$，对方形或 $a/b\leqslant 1.5$ 的矩形断面取 $C_M=2.2$。对于浅海以及波生流比较显著的近岸海域，C_M 的取值不能低于2.0。也可按下述方法先行估算，再综合考虑。

$$C_D=C_{DS}\psi(C_{DS},KC) \tag{2-13}$$

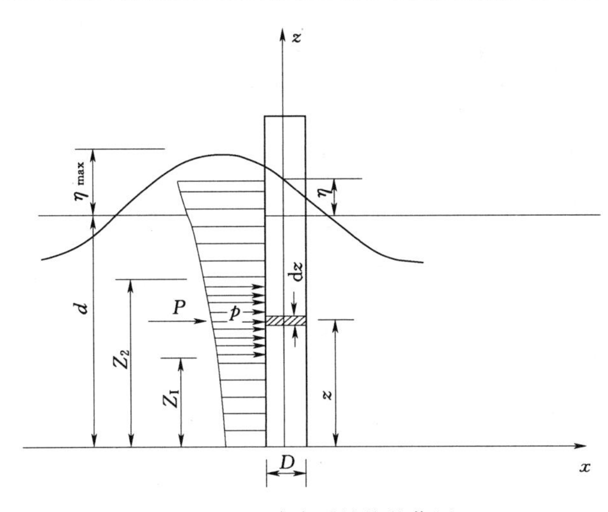

图 2-1 波浪对桩柱的作用

$$C_M=\begin{cases}2.0 & KC<3\\ \max\{2.0-0.044(KC-3);1.6-(C_{DS}-0.65)\} & KC\geqslant 3\end{cases} \tag{2-14}$$

其中

$$C_{DS}=\begin{cases}0.65 & \text{当 } k/D<10^{-4} \text{ 为光滑}\\ \dfrac{29+4\log_{10}(k/D)}{20} & \text{当 } 10^{-4}<k/D<10^{-2}\\ 1.05 & \text{当 } k/D>10^{-2} \text{ 为粗糙}\end{cases} \tag{2-15}$$

式中 C_{DS}——稳定流拖曳力系数，其值由结构物表面粗糙程度确定；

k——表面粗糙程度的物理量，m，对于新的裸钢和有涂层的钢，如海上风电机组基础常用的钢管结构都可以认为是光滑的，对于混凝土和高度腐蚀的钢 k 取 0.003m，对于有附着海生物的结构 k 取 0.005～0.05m。

KC 为 Keulegan-Carpenter 数，其表达式为

$$KC=u_{max}\frac{T}{D} \tag{2-16}$$

式中 u_{max}——静水面最大水平粒子速度；

T——波浪周期。

ψ 为 C_{DS} 和 KC 的函数，其值可以由图 2-2 查到。图 2-2 中实线对应于光滑表面，虚线对应于粗糙表面，介于光滑和粗糙之间可由线性插值得到。

除了上述两个关键参数外，波浪力计算公式中的水质点速度 u 及加速度 $\partial u/\partial t$ 都还是未知的，其取值应该由合适的波浪模型确定，而波浪模型的选择需要慎重考虑相对水深、相对波陡等参数，操作比较繁琐。在设计中可参考《海港水文规范》(JTS 145—2—2013)的建议，直接利用小振幅波理论进行 u、$\partial u/\partial t$ 的计算，其计算公式为

$$u=\frac{\pi H}{T}\frac{\operatorname{ch}\dfrac{2\pi z}{L}}{\operatorname{sh}\dfrac{2\pi d}{L}}\cos\omega t \tag{2-17}$$

$$\frac{\partial u}{\partial t}=-\frac{2\pi^2 H}{T^2}\frac{\operatorname{ch}\dfrac{2\pi z}{L}}{\operatorname{sh}\dfrac{2\pi d}{L}}\sin\omega t \tag{2-18}$$

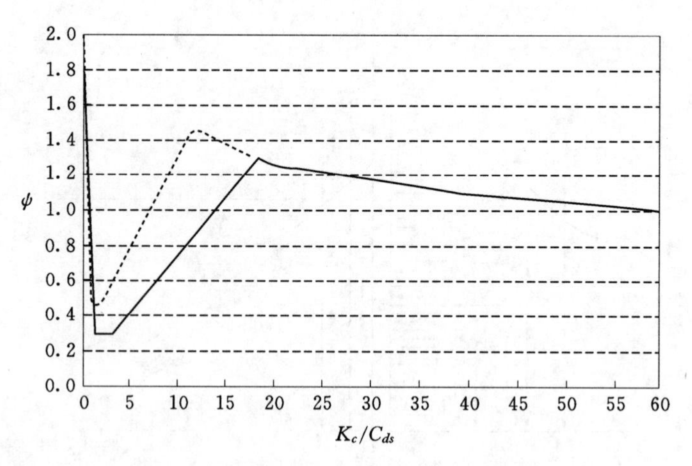

图2-2　ψ的取值

式中　ω——圆频率，s^{-1}，$\omega=2\pi/T$；

t——时间，s，当波峰通过柱体中心线时 $t=0$。

p_D 和 p_I 的最大值 p_{Dmax} 和 p_{Imax} 分别出现在 $\omega t=0°$ 和 $\omega t=270°$ 的相位上。

2.3.2.2　小尺度单桩最大作用力和力矩

当 $H/d\leqslant 0.2$ 且 $d/L\geqslant 0.2$ 或 $H/d>0.2$ 且 $d/L\geqslant 0.35$ 时，沿柱体高度选取不同 z 值，按式（2-11）和式（2-12）分别计算 $\omega t=0°$ 和 $\omega t=270°$ 时的最大速度分力 p_{Dmax} 和最大惯性分力 p_{Imax}，计算点不宜少于5个点，其中包括 $z=0$、d 和 $d+\eta$ 三点。η 为任意相位时波面在静水面以上的高度。当 $\omega t=0°$ 时，$\eta=\eta_{max}$，η_{max} 为波峰在静水面以上的高度，参照《海港水文规范》(JTS 145—2—2013) 确定；当 $\omega t=270°$ 时，$\eta=\eta_{max}-H/2$。若沿柱体高度断面有变化时，则在交接面上下应分别进行计算。由 p_{Dmax} 和 p_{Imax} 分布图形即可算出总的 P_{Dmax} 和 P_{Imax}。

当 Z_1 和 Z_2 间柱体断面相同时，作用于该段上的 P_{Dmax} 和 P_{Imax} 分别为

$$P_{Dmax}=C_D\frac{\gamma DH^2}{2}K_1 \tag{2-19}$$

$$P_{Imax}=C_M\frac{\gamma AH}{2}K_2 \tag{2-20}$$

$$K_1=\frac{\dfrac{4\pi Z_2}{L}-\dfrac{4\pi Z_1}{L}+\mathrm{sh}\dfrac{4\pi Z_2}{L}-\mathrm{sh}\dfrac{4\pi Z_1}{L}}{8\mathrm{sh}\dfrac{4\pi d}{L}} \tag{2-21}$$

$$K_2=\frac{\mathrm{sh}\dfrac{2\pi Z_2}{L}-\mathrm{sh}\dfrac{2\pi Z_1}{L}}{\mathrm{ch}\dfrac{2\pi d}{L}} \tag{2-22}$$

P_{Dmax} 和 P_{Imax} 对 Z_1 断面的力矩 M_{Dmax} 和 M_{Imax} 分别为

$$M_{Dmax}=C_D\frac{\gamma DH^2L}{2\pi}K_3 \tag{2-23}$$

$$M_{Imax}=C_M\frac{\gamma AHL}{4\pi}K_4 \tag{2-24}$$

$$K_3 = \frac{1}{\operatorname{sh}\frac{4\pi d}{L}}\left[\frac{\pi^2(Z_2-Z_1)^2}{4L^2}+\frac{\pi(Z_2-Z_1)}{8L}\operatorname{sh}\frac{4\pi Z_2}{L}-\frac{1}{32}\left(\operatorname{ch}\frac{4\pi Z_2}{L}-\operatorname{ch}\frac{4\pi Z_1}{L}\right)\right] \tag{2-25}$$

$$K_4 = \frac{1}{\operatorname{ch}\frac{2\pi d}{L}}\left[\frac{2\pi(Z_2-Z_1)}{L}\operatorname{sh}\frac{2\pi Z_2}{L}-\left(\operatorname{ch}\frac{2\pi Z_2}{L}-\operatorname{ch}\frac{2\pi Z_1}{L}\right)\right] \tag{2-26}$$

若沿整个柱体高度断面相同，则在计算整个柱体上的 $P_{D\max}$ 及其对水底面的力矩 $M_{D\max}$ 时，应取 $Z_1=0$ 和 $Z_2=d+\eta_{\max}$；而在计算整个柱体上的 $P_{I\max}$ 及其对水底面的力矩 $M_{I\max}$ 时，应取 $Z_1=0$ 和 $Z_2=d+\eta_{\max}-H/2$。

当 $H/d\leqslant 0.2$ 且 $d/L<0.2$ 或 $H/d>0.2$ 且 $d/L<0.35$ 时，可仍按式（2-19）～式（2-23）计算作用于整个柱体上的正向波浪力，但应对 $P_{D\max}$ 乘以系数 α；对 $M_{D\max}$ 乘以系数 β。α 和 β 的选取可参照《海港水文规范》（JTS 145—2—2013）的规定。

当 $0.04\leqslant d/L\leqslant 0.2$ 时，除按上述规定对 $P_{I\max}$ 和 $M_{I\max}$ 分别乘以系数 α 和 β 外，还应对 $P_{I\max}$ 乘以系数 γ_P；对 $M_{I\max}$ 乘以系数 γ_M。系数 γ_P 和 γ_M 的选取可参照《海港水文规范》（JTS 145—2—2013）的规定。

作用于整个柱体高度上任何相位时的正向水平总波浪力 P 的计算公式为

$$P = P_{D\max}\cos\omega t\,|\cos\omega t| - P_{I\max}\sin\omega t \tag{2-27}$$

当 $P_{D\max}\leqslant 0.5P_{I\max}$ 时，正向水平最大总波浪力的计算公式为

$$P_{\max} = P_{I\max} \tag{2-28}$$

此时相位为 $\omega t=270°$。

水底面的最大总波浪力矩的计算公式为

$$M_{\max} = M_{I\max} \tag{2-29}$$

当 $P_{D\max}>0.5P_{I\max}$ 时，正向水平最大总波浪力的计算公式为

$$P_{\max} = P_{D\max}\left(1+0.25\frac{P_{I\max}^2}{P_{D\max}^2}\right) \tag{2-30}$$

此时相位为 $\sin\omega t=-0.5\frac{P_{I\max}}{P_{D\max}}$。

水底面的最大总波浪力矩的计算公式为

$$M_{\max} = M_{D\max}\left(1+0.25\frac{M_{I\max}^2}{M_{D\max}^2}\right) \tag{2-31}$$

最大作用力和力矩确定后，作用点的位置便可以确定了，作用点距底面的距离为 $M_{\max}/P_{\max}$。

作用于整个柱体高度上的最大总波浪力和最大总波浪力矩可按式（2-28）～式（2-31）计算。

2.3.2.3 小尺度群桩效应及附着海生物影响

当海上风电机组基础采用的是由小直径桩柱组成的群桩结构时，应根据设计波浪的计算剖面来确定同一时刻各桩上的正向水平总波浪力 P。当桩的中心距 l 小于4倍桩的直径 D 时，应乘以群桩系数 K，K 值可按表2-4选用。

表 2-4　群桩系数 K

桩列方向 \ l/D	2	3	4
垂直于波向	1.5	1.25	1.0
平行于波向	1.0	1.0	1.0

当海上风电机组基础结构物表面及附近区域有附着生物存在时，由于糙率和柱体直径增加的影响，相应柱段上的波浪力应乘以增大系数 n，n 可按表 2-5 选用。

表 2-5　系　数　n

附着生物程度	相对糙率 ε/D	n
一般	<0.02	1.15
中等	0.02～0.04	1.25
严重	>0.04	1.40

注：ε 为附着生物的平均厚度，m；D 为桩（柱）直径，m。

2.3.3　水流荷载

水流荷载是以潮流为主的大范围水体流动所产生的外部作用，是直接作用在海上风电机组基础上的海洋环境荷载。对于成片开发的风电场和群桩组成的基础结构而言，水流荷载不容忽视。

2.3.3.1　水流力

1. 水流力计算

作用在海上风电机组基础上的水流力的计算公式为

$$F_w = C_w \frac{\rho}{2} v^2 A \tag{2-32}$$

式中　F_w——水流力标准值，kN；

v——水流设计流速，m/s；

ρ——水的密度，t/m³，淡水取 1.0，海水取 1.025；

A——计算构件在与水流垂直平面上的投影面积，m²；

C_w——水流阻力系数，应尽量由试验确定，在实验资料不足时，对圆形构件取 $C_w = 0.73$，然后参照《港口工程荷载规范》（JTS 144—1—2010）给出的方法进行修订。

2. 水流力作用点

水流力的作用方向与水流方向一致，合力作用点位置可按下列规定采用：①上部构件：位于阻水面积形心处；②下部构件：顶面在水面以下时，位于顶面以下 1/3 高度处；顶面在水面以上时，位于水面以下 1/3 水深处。下部构件水流力作用点示意如图 2-3 所示，其中 h 为水深，l 为构件高度。

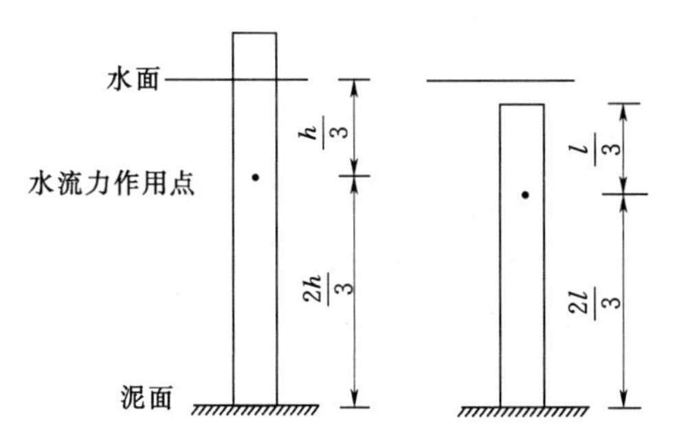

图 2-3 下部构件水流力作用点示意图

2.3.3.2 水流设计流速

水流设计流速可采用风电机组基础所处范围内可能出现的最大平均流速，其值最好根据现场实测资料整理分析后确定，或者分别计算潮流和余流流速，然后进行叠加。

1. 最大潮流流速计算

潮流可能最大流速可参考《海港水文规范》(JTS 145—2—2013) 的规定给出。

(1) 规则半日潮流海区的计算公式为

$$\vec{V}_{max} = 1.295\vec{W}_{M2} + 1.245\vec{W}_{s2} + \vec{W}_{k1} + \vec{W}_{o1} + \vec{W}_{M4} + \vec{W}_{MS4} \qquad (2-33)$$

式中 $\vec{V}_{max}$ ——潮流的可能最大流速；

$\vec{W}_{M2}$，$\vec{W}_{s2}$，$\vec{W}_{k1}$，$\vec{W}_{o1}$，$\vec{W}_{M4}$，$\vec{W}_{MS4}$ ——主太阴半日分潮流、主太阳半日分潮流、太阴太阳赤纬日分潮流、主太阴日分潮流、太阴四分之一日分潮流和太阴太阳四分之一日分潮流的椭圆长半轴矢量。

(2) 规则全日潮流海区的计算公式为

$$\vec{V}_{max} = \vec{W}_{M2} + \vec{W}_{s2} + 1.600\vec{W}_{k1} + 1.450\vec{W}_{o1} \qquad (2-34)$$

(3) 不规则半日潮流海区和不规则全日潮流海区，采用式 (2-33) 和式 (2-34) 中的大值。

2. 最大余流流速计算

最大可能余流流速主要是由风引起的风海流，利用其与风速的近似关系，可对其进行估算，即

$$v_U = K_c v \qquad (2-35)$$

式中 v_U ——余流的可能最大流速，m/s；

v ——平均海面上 10m 处的 10min 最大持续风速，m/s；

K_c ——系数，一般 $0.024 \leqslant K_c \leqslant 0.05$ (渤海采用 0.025，南海采用 0.05)。

近海余流的流向近似与风向一致。

3. 资料不足时的水流流速计算

水流流速随水深而变化，其变化规律应尽量通过现场实测确定，实测资料不足时的估算方法为

$$u_{cx} = (u_s)_1\left(\frac{x}{d}\right)^{1/7} + (u_s)_2\frac{x}{d} \qquad (2-36)$$

式中 u_{cx} ——设计泥面以上 x 高度处的水流速度，m/s；

$(u_s)_1$ ——水面的潮流速度，m/s；

$(u_s)_2$ ——风在水面引起的水流速度，m/s。

2.3.4 冰荷载

对于寒冷、冰情严重地区的海上风电机组基础，冰荷载是一项重要的设计荷载，它的

作用形式主要是风和流作用下大面积冰场运动时产生的静冰压力。作用在基础上的冰荷载包括：①冰排运动中被结构物连续挤碎或滞留在结构前时产生的挤压力；②孤立流冰块产生的撞击力；③冰排在斜面结构物和锥体上因弯曲破坏和碎冰块堆积所产生的冰力；④与结构冻结在一起的冰因水位升降产生的竖向力；⑤冻结在结构内、外的冰因温度变化对结构产生的温度膨胀力。影响冰荷载的因素较多且复杂，冰荷载应根据当地冰凌的实际情况及风电机组基础结构型式确定。冰排在直立桩（墩）前连续挤碎时，产生的极限挤压冰力标准值的计算公式为

$$F_I = ImkBH\sigma_c \tag{2-37}$$

式中　F_I——极限挤压冰力标准值，kN；

I——冰的局部挤压系数；

m——桩（墩）迎冰面形状系数；

k——冰和桩（墩）之间的接触条件系数，可取 0.32；

B——桩（墩）迎冰面投影宽度，m；

H——单层平整冰计算冰厚，m；

σ_c——冰的单轴抗压强度标准值，kPa。

以上参数取值可参考《港口工程荷载规范》（JTS 144—1—2010）相关规定。

2.3.5　船舶荷载

海上风电机组基础一般不作为过往船只停靠使用，但在风电场施工期或风电机组设备检修、维护时，施工船舶或检修船舶必须停靠在基础结构上，因此在基础结构上需要设置系靠船设施，在设计时应考虑系靠船舶的荷载。此外，在海上风电场施工期、运行期或检修期也存在着工程船舶走锚或附近偏离航道后的船舶对基础意外撞击的风险，但是考虑到工程的经济性，这种意外作用产生的荷载在结构设计时往往不予考虑，对于离航道较近，或周边经常有船舶经过的海上风电场，可采用布置防撞桩进行防护。船舶荷载按其作用方式分为船舶系缆力、船舶挤靠力和船舶撞击力。凡通过系船缆而作用在系船柱（或系船环）上的力称为系缆力。船舶系缆力主要由风和水流等作用产生，使靠泊船舶对系船设施上的缆绳产生拉伸作用，具有静力性质。船舶系泊时，由于风和水流的作用，使船舶直接作用在基础结构上的力称为挤靠力；在船舶靠泊过程中或系泊船舶在波浪作用下撞击基础结构产生的力称为撞击力。

2.3.5.1　船舶系缆力

1. 风和水流产生的系缆力

系靠在海上风电机组基础上的船舶，在风和水流共同作用下产生系缆力（图 2－4），作用在每个系船柱上的系缆力的标准值的计算公式为

$$N = \frac{K}{n}\left(\frac{\sum F_x}{\sin\alpha\cos\beta} + \frac{\sum F_y}{\cos\alpha\cos\beta}\right) \tag{2-38}$$

式中　N——系缆力标准值；

$\sum F_x$，$\sum F_y$——可能同时出现的风和水流对船舶作用产生的横向分力总和与纵向分力总和，kN；

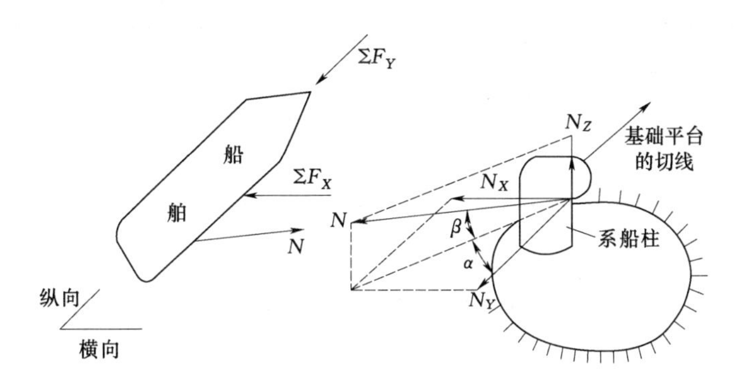

图 2-4 系缆力计算图式

K——系船柱受力不均匀系数，当实际受力的系船柱数目 $n=2$ 时 K 取 1.2，$n>2$时，K 取 1.3；

n——计算船舶同时受力的系船柱数目，根据不同船长、平台尺度及系船柱布置确定；

α——系船缆的水平投影与基础平台切线所成的夹角，(°)；

β——系船缆与水平面的夹角，(°)。

(1) 风对船舶的作用。作用在船舶上的风压力在垂直基础平台切线的横向分力 F_x (kN) 和平行基础平台切线的纵向分力 F_y(kN) 的计算公式为

$$F_x=73.6\times10^{-5}A_xV_x^2\zeta_1\zeta_2 \tag{2-39}$$

$$F_y=49.0\times10^{-5}A_yV_y^2\zeta_1\zeta_2 \tag{2-40}$$

式中 A_x，A_y——船体水面以上横向和纵向受风面积，m^2；

V_x，V_y——设计风速的横向和纵向分量，m/s；

ζ_1——风压不均匀折减系数；

ζ_2——风压高度变化修正系数。

A_x、A_y、V_x、V_y、ζ_1、ζ_2 可参考《港口工程荷载规范》(JTS 144—1—2010) 的规定确定。

(2) 水流对船舶的作用。水流对船舶的荷载比较复杂，可根据水流条件和船型参考《港口工程荷载规范》(JTS 144—1—2010) 附录 F 确定。

2. 系缆力的取值标准

除了上述风和水流作用产生的系缆力外，船舶操作等因素也会产生系缆力。根据设计经验，《港口工程荷载规范》(JTS 144—1—2010) 规定计算系缆力标准值不应大于缆绳的破断力。对于聚丙烯尼龙缆绳，当缺乏资料时，其破断力的计算公式为

$$N_P=0.16D^2 \tag{2-41}$$

式中 N_P——聚丙烯尼龙缆绳的破断力，kN；

D——缆绳直径，mm。

计算系缆力的标准值也不应低于《港口工程荷载规范》(JTS 144—1—2010) 规定的下限值，见表 2-6。

表 2-6　海船系缆力标准值

船舶载重量 DW /t	1000	2000	5000	10000	20000	30000	50000
系缆力标准值/kN	150	200	300	400	500	550	650
船舶载重量 DW /t	80000	100000	120000	150000	200000	250000	300000
系缆力标准值/kN	750	1000	1100	1300	1500	2000	2000

2.3.5.2　船舶挤靠力

船舶挤靠力的计算分两种情况：防冲设施连续布置、防冲设施间断布置。

1. 防冲设施连续布置

挤靠力标准值 F_j(kN/m) 的计算公式为

$$F_j = \frac{K_j \sum F_x}{L_n} \tag{2-42}$$

式中　K_j ——挤靠力分布不均匀系数，采用 1.1；

L_n ——船舶直线段与防冲设施接触长度，m。

2. 防冲设施间断布置

作用于一组（或一个）防冲设施上的挤靠力标准值 F'_j(kN/m) 的计算公式为

$$F'_j = \frac{K'_j \sum F_x}{n} \tag{2-43}$$

式中　K'_j——挤靠力不均匀系数，采用 1.3；

n——与船舶接触的防冲设施组数或个数。

对于海上风电机组基础来说，由于一般采用的都是圆形平台，船舶挤靠力的计算通常采用防冲设施间断布置的情况，以单个防冲设施（即 $n = 1$）进行计算。

2.3.5.3　船舶撞击力

船舶撞击力根据产生的原因不同，分为船舶靠泊时对海上风电机组基础结构产生的撞击力、系泊中船舶受横向波浪作用对基础产生的撞击力和偏航船舶对基础结构的意外撞击力。

1. 船舶靠泊或偏航船舶意外走锚产生的撞击力

船舶靠泊碰撞或意外撞击基础时，其动能转化为防冲设施、船体结构、风电机组基础的弹性变形和船舶转动、摇动以及船与基础之间水体的挤升、振动、摩擦、发热等所吸收的能量。其产生撞击力的大小与船舶类型、航行速度、撞击角度、航道水深、水流速度、船舶材料属性、被撞体材料属性等诸多因素有关。对海上风电机组基础结构的船舶撞击力计算可借鉴港口水工建筑物的设计经验，首先计算船舶撞击时的有效撞击能量为

$$E_0 = \frac{\rho}{2} m v_n^2 \tag{2-44}$$

式中　E_0 ——船舶撞击时的有效撞击动能，kJ；

ρ ——有效动能系数，采用 0.7～0.8；

m ——船舶质量，按满载排水量计算，t；

v_n ——船舶撞击时的法向速度，一般应根据可能出现的船舶大小综合确定，m/s。

防冲设施和海上风电机组基础结构由于船舶的撞击产生变形，变形能与有效撞击能量相等，则有

$$H = k_1 y_1 = k_2 y_2 \tag{2-45}$$

$$\frac{1}{2}k_1 y_1^2 + \frac{1}{2}k_2 y_2^2 = E_0 \tag{2-46}$$

式中 k_1，k_1——基础结构和防冲设施的弹性系数，kN/m；

y_1，y_2——基础结构和防冲设施的变形，m；

H——船舶产生的撞击力，kN。

设计时可先假定基础结构的弹性系数，同时根据防冲设备的弹性系数（一般由防冲设备厂家提供），由此可计算出基础结构的变形量，进而可以根据变形量计算出基础结构的弹性系数，与开始假设的弹性系数对比，迭代计算，直至两者达到误差范围为止。根据迭代得到的弹性系数和变形量可以计算出作用在基础结构上的撞击力大小。

对于安装有橡胶护舷的基础结构，橡胶护舷吸收的能量 E_s 比基础结构的吸能量 E_j 大很多，因此可考虑船舶有效撞击能量 E_0 全部被橡胶护舷吸收，根据橡胶护舷的性能曲线即可得到撞击力大小。

2. 系泊船舶在波浪作用下的撞击力

这种撞击力主要由横向波浪引起，在某些情况下，可能大于靠船时的船舶撞击力。由于情况比较复杂，一般均应通过模型试验确定。《港口工程荷载规范》（JTS 144—1—2010）附录J提供的经验公式可供缺乏试验资料时使用。

2.3.6 地震作用

2.3.6.1 地震作用的性质

地震时，从震源处释放的能量以地震波的形式向各个方向传播。地震波在土层中传播时，引起土层和地面的强烈运动。地面上原来静止的建筑物及其周围土体随着土层和地面的运动而发生强迫振动。在振动过程中，振动体本身产生振动惯性力，它包括建筑物自重的惯性力和动土压力，统称为地震作用。地震作用与一般荷载不同，它除了与地震烈度有关外，还与被震对象本身的动力特性——自振周期和阻尼有关，因此确定地震作用比较复杂。

地震波基本上有两种，即纵波和横波，二波合称体波。纵波是由震源向外传递的压缩波，质点振动方向与波的行进方向一致。横波为剪切波，质点振动方向与波的行进方向垂直。体波传到地面后，又继续沿着地面传播，这种波动称为面波，所以说面波是体波的次生波。

地震时，在地面上某点，首先传到的是速度最快的纵波，接着来到的是较快的横波，然后是速度最慢的面波。震源正对着的地面称为震中。纵波的速度快，振动频率高，但衰减得快，因此离震中远的地方，纵波影响小。横波振动频率比纵波低1/2～2/3，衰减也慢，其传播面大。面波与纵波横波比较，具有不易阻尼的性质。除震中和震中附近地区外，一般是当横波与面波到达时地面震动最强烈。

纵波传到地表时，引起地面建筑物的竖向震动，竖向震动的加速度导致产生建筑物的竖向地震力。横波与面波使地面建筑物产生横向震动，地面的横向震动加速度，引起建筑物的水平向地震力。

在震中和震中附近地区，纵波的作用强烈，必须考虑竖向地震力。通常，纵波与横波不会同时到达，所以竖向地震力与水平地震力是分别考虑的。但由于地层的地质构造复杂，或是地震波通过地带及物质的密度不同，地震波传播时会产生波的反射、绕射和干涉等现象，这样有可能产生纵波与横波同时出现的现象；或是纵波在建筑物中的效应尚未消失，而横波又来到，造成两种波动的重叠，此时水平向地震力就与竖向地震力同时出现。这种情况一般只在高烈度地区才加以考虑。

2.3.6.2　地震震级和地震烈度

1. 地震震级

衡量一次地震的强烈程度，通常用地震震级来表示，它是根据地震时释放的能量大小确定。我国的地震震级采用里氏震级。一次地震释放的能量相当于 2×10^6J 为 1 级地震，能量增大 30 倍左右，震级增加一级。一次地震震级的确定，是以地震台的地震记录——地震波图为依据。发生 5 级以上（包括 5 级）的地震，通常就会引起不同程度的破坏，称为破坏性地震；7 级以上（包括 7 级）的地震，其破坏性大，统称为强烈地震。

2. 地震烈度

地震所波及的地区叫“震区”。地震烈度是指震区内某一地区的地面和各类建筑物遭受一次地震影响的强烈程度。一次地震只有一个震级，但由于距震中的远近以及当地地质构造不同，震区各地的地震烈度是不同的，一般情况下，距离震中越近，烈度就越大。我国的地震烈度分为 12 度。划分地震烈度的标准，过去是以该地区的宏观破坏现象为依据，中国科学院工程力学研究所根据对大量资料的综合分析，提出用物理量来划分烈度等级。加速度当量是地震时地面最大加速度的统计平均值与重力加速度的比值，也就是以重力加速度为单位的地面最大加速度。不同地震烈度的水平加速度当量也叫水平向地震系数 K_H（表 2-7）。

表 2-7　水平向地震系数

地震烈度	Ⅶ度	Ⅷ度	Ⅸ度
K_H	0.10（0.15）	0.20（0.30）	0.40

3. 基本烈度

在设计震区内的建筑物时，要考虑抗震设防的要求。因此，需要确定工程所在地区今后一定期限内可能普遍遭遇的最大地震烈度，此烈度称为该地区的基本烈度。基本烈度所指地区是一个范围较大的区域，可以是一个城市、一个县、若干个县或是一个地区，而不是指一个具体工程的场地。全国各地区的基本烈度是由国家地震局根据各地区的地质构造和地震的历史资料，经过分析研究确定的。基本烈度的含义是在 50 年期限内，在一般场地条件下，可能遭遇超越概率 10%的烈度值。如果某具体工程场地的地质地貌比较特殊，此处的地震烈度可以不同于该地区的基本烈度，称它为场地烈度或小区烈度，但需要商请有关部门来予以确定。在工程抗震设计中采用的地震烈度称为设计

烈度。在抗震设计中一般采用基本烈度作为工程的设计烈度。对少数特殊重要的建筑物或因地貌与地质构造特殊，其设计烈度可比基本烈度提高一度；反之，对次要的建筑物以及工程的检修情况，有时其设计烈度可比基本烈度有所降低，但需经有关部门批准。

2.3.6.3　海上风电机组基础的抗震设防

海上风电机组基础抗震设防的标准应该是：设防后的结构应能抗住发生设计烈度的地震，并允许它受到一些损坏，这些损坏不致危害人的生命和主要的发电设备，基础本身可以不需维修或经一般维修后仍可继续使用。如果要求海上风电机组基础受震后仍完整无损，这是不合理的，因为强烈地震不是经常发生，而这样的要求势必大大增加抗震设防的投资。

鉴于我国有多次大地震发生在预期为低烈度地区的实际情况，因此国家将抗震设防的起点定为基本烈度Ⅵ度。对设计烈度为Ⅵ度地区，建筑物可以不进行抗震验算，但应采取必要的抗震措施，以提高其抗震性能。对地震烈度高于Ⅸ度（不含Ⅸ度）的地区，因地震太强烈，建筑物的抗震问题要作专门的研究。

2.3.6.4　抗震验算的原则和要求

在基本烈度Ⅶ度、Ⅷ度和Ⅸ度地区建设海上风电场时，都应进行抗震强度和抗震稳定性的验算，并采取抗震措施。

作用在海上风电机组基础结构的地震作用包括地震惯性力和动水压力等。地震作用出现概率很小，与它组合而成的作用效应组合称为地震组合。通常只进行结构承载能力极限状态的作用效应组合的校核。

1. 地震惯性力

地震惯性力是指建筑物和建筑物上的固定设备等在地震时产生的惯性力。地震惯性力除与地震烈度有关外，还与结构本身的动力特性（自振周期、阻尼和振型）和地基土质有关，目前尚无严格的计算理论，只能采用半理论半经验的计算方法。对于海上风电机组可采用振型分解反应谱法，按多质点弹性体系对整体结构进行计算。

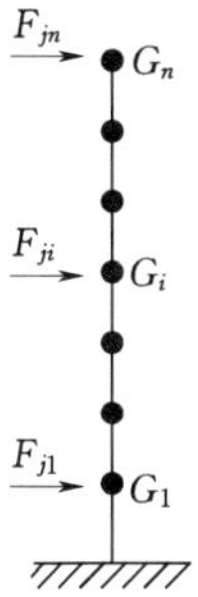

图 2-5　水平地震作用

沿整体结构高度作用于质点 i 的 j 振型水平向地震惯性力标准值 F_{ji}（图 2-5）的计算公式为

$$F_{ji} = CK_H\beta_j\gamma_jX_{ji}G_i \tag{2-47}$$

$$\gamma_j = \frac{\sum_{i=1}^{n} X_{ji}G_i}{\sum_{i=1}^{n} X_{ji}^2G_i} \tag{2-48}$$

式中　C——综合影响系数，取 0.30；

K_H——水平向地震系数，按表 2-7 选用；

β_j——j 振型，自振周期为 T_i 时相应的动力放大系数（考虑了地震特性和结构动力特性），它与结构自振周期 T 的关系曲线构成反应谱曲线，可参考《水运工程抗震设计规范》（JTS 146—2012）规定的设计反应谱查得；

γ_j ——结构 j 振型参与系数；

X_{ji} ——j 振型，质点 i 处的相对水平位移；

G_i ——集中于质点 i 或第 i 分段的重力标准值，对于最上面一个质点，尚应计入上部固定设备的重力值，kN；

n——质点总数。

对于重力式基础，当抗震设防烈度为Ⅷ度、Ⅸ度时，抗震验算应同时计入水平向和竖向地震惯性力。竖向地震惯性力系数，取水平向地震惯性力系数的2/3，并乘以0.5的组合系数。

沿整体结构高度作用于质点 i 的竖向地震惯性力（图2-6）标准值的计算公式为

$$F_{Vi}=CK_V\alpha_iG_i \tag{2-49}$$

$$K_V=\frac{2}{3}K_H \tag{2-50}$$

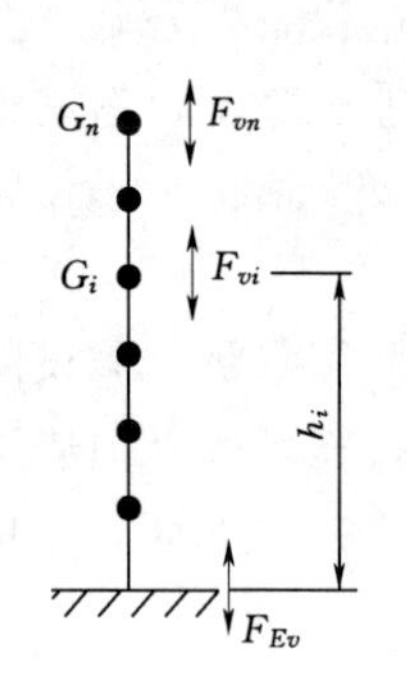

图2-6　竖向地震作用

式中　K_V ——竖向地震系数；

α_i ——加速度沿高度的分布系数；

C、G_i 的意义同前。

2. 地震动水压力

地震时，由于建筑物与其周围水体的相互作用，因而产生地震动水压力，它是指静水压力以外的附加水压力。

作用在海上风电机组基础上的总动水压力标准值的计算公式为

$$P=C_1CK_H\gamma_wAd \tag{2-51}$$

式中　P ——作用在基础上的总动水压力标准值，其作用点至水面的距离取 $0.48d$，kN；

C_1 ——圆柱基础的附加质量系数，可根据 d/D 值查表2-8，其中 D 为圆柱基础直径（m），表中数值可内插；

C ——综合影响系数，取0.25；

K_H ——水平向地震系数，按表2-7采用；

γ_w ——海水的重度，kN/m^3；

A ——基础截面面积，m^2；

d ——水深，m。

表2-8　附加质量系数 C_1

d/D	0.5	1.0	2.0	3.0	4.0	5.0	6.0	7.0	8.0
C_1	0.43	0.62	0.74	0.82	0.84	0.87	0.89	0.90	0.91

水面以下深度为 Z 处单位高度上的动水压力标准值的计算公式为

$$p_z=\frac{1.08P}{d}\left(\frac{Z}{d}\right)^{0.08} \tag{2-52}$$

式中　p_z ——Z 处单位高度上的动水压力标准值，kN/m；

Z——计算点距水面的距离，m；

P、d 的意义同前。

参 考 文 献

[1] 邱大洪．工程水文学（港口航道与海岸工程专业用）[M]. 北京：人民交通出版社，2004.
[2] 邱大洪．波浪理论及其在工程中的应用 [M]. 北京：高等教育出版社，1985.
[3] 孙意卿．海洋工程环境条件及其荷载 [M]. 上海：上海交通大学出版社，1989.
[4] 韩理安．港口水工建筑物 [M]. 北京：人民交通出版社，2008.
[5] 邱驹．港工建筑物 [M]. 天津：天津大学出版社，2002.
[6] JTS 145—2—2013 海港水文规范 [S]. 北京：人民交通出版社，2013.
[7] JTS 144—1—2010 港口工程荷载规范 [S]. 北京：人民交通出版社，2010.
[8] JTS 146—2012 水运工程抗震设计规范 [S]. 北京：人民交通出版社，2012.
[9] SY/T 4084—2010 滩海环境条件与荷载技术规范 [S]. 北京：石油工业出版社，2010.
[10] GB 50011—2010 建筑抗震设计规范 [S]. 北京：中华人民共和国建设部，2010.
[11] GB 50135—2006 高耸结构设计规范 [S]. 北京：中华人民共和国建设部，2006.
[12] FD 003—2007 风电场机组地基基础设计规定（试行）[S]. 北京：中国水利水电出版社，2007.
[13] GB/T 18451.1—2012 风力发电机组设计要求 [S]. 北京：中华人民共和国国家质量监督检验检疫总局、中国国家标准化管理委员会，2012.
[14] DNV—OS—J101 Design of offshore wind turbine structures [S]. Norway: Det Norske Veritas, 2007.

第3章 桩承式基础

桩是设置于土中的竖直或倾斜的柱形基础构件，其横截面尺寸比长度小得多。桩基础是深基础的一种，有着悠久的历史，早在史前的建筑活动中，人类就已经在湖泊和沼泽地带采用木桩来支承房屋。桩所承受的轴向荷载是通过作用于桩周土层的桩侧摩阻力和桩端土层的桩端阻力来支承，水平荷载是依靠桩侧土层的侧向阻力来支承。桩基础具有承载力高、稳定性好、沉降量小等特点，所以桩基础在港口、桥梁、土建等工程中得到了广泛的应用。

可应用于海上风力发电的桩基础结构型式多样，但它们的共同点是整体结构所承受的荷载最终都通过桩传递给地基，所以将这些基础结构型式统称为桩承式基础。桩承式基础结构较轻，对波浪和海流的阻力较小，适用于可以沉桩的各种地质条件，特别适用于软土地基。在岩基上，如有适当厚度的覆盖层，也可采用桩基础；覆盖层较薄时可采用嵌岩桩。桩承式基础的缺点在于受海床地质条件和水深的约束较大，桩的自由长度随着水深增大而增加，容易出现弯曲变形；安装时需要专用的设备（如打桩设备），施工安装费用较高；对冲刷敏感，在海床与基础相接处，需做好防冲刷措施。

3.1 桩承式基础的结构型式及特点

根据基桩的数量和连接方式的不同，可将桩承式基础分为单桩基础、三角架基础、导管架基础和群桩承台基础等。

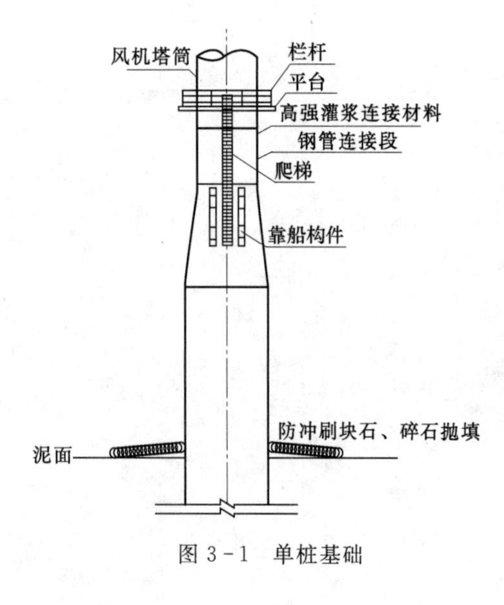

图3-1 单桩基础

3.1.1 单桩基础

单桩基础由一根桩支撑塔筒等上部结构，是桩承式基础中最简单的一种结构型式，如图3-1所示。单桩基础由焊接钢管组成，基桩与塔架之间的连接可以是焊接法兰连接，也可以是套管法兰连接。桩的直径根据负荷的大小而定，一般在3～5.5m之间，壁厚约为桩径的1%，插入海床的深度与地质情况、桩径等有关。随着水深的增大，桩的长度会随之增大，这可能会导致基础的刚度和稳定性不满足要求，并且桩的施工难度与经济成本也会随之提高，所以单桩基础主要适用于水深小于25m的海域。

单桩基础施工工艺较为简单，无需做任何海

床准备，利用打桩、钻孔或喷冲的方法将桩安装在海底泥面以下一定的深度。对于软土地基可采用锤击沉桩法，如丹麦的 Horns Rev 项目，瑞典的 Utgrunden 项目，爱尔兰的 Arklow Bank 项目和英国的 Kentish Flats 项目。对于岩石地基，可采用钻孔的方法，边形成钻孔边下沉钢桩，如瑞典的 Bockstigen 项目和英国的 North Hoyle 项目。单桩基础的桩径较大，若采用锤击沉桩法则需要超大型打桩设备。由于受到打桩设备的限制，单桩基础在我国海上风电场中的应用在一定时期内受到了制约。近年来，我国自行研制及从国外进口了部分大型液压打桩锤，打桩作业的效率大大提高，未来单桩基础的发展前景较好。

3.1.2 三角架基础

为了解决单桩基础桩径过大的问题，近几年工程技术人员提出了海上风电机组三角架基础型式。三角架基础采用标准的三腿支撑结构，由中心柱、三根插入海床一定深度的钢管桩和撑杆结构组成，如图 3-2 所示。中心柱是三角架的中心钢管，提供风机塔筒的基本支撑，类似单桩基础。三根等直径的钢管桩一般呈等边三角形均匀布设。三角架可以采用垂直或倾斜套管，支撑在钢管桩上。撑杆结构为预制钢构件，包括斜撑和横撑。斜撑承受上部塔筒荷载，并将荷载传递给三根钢管桩。横撑设数根水平和斜向钢连杆，其分别连接 3 根钢套管以及中心柱，中心柱顶端与风机塔筒相接。与单桩基础相比，三角架基础除了具有单桩基础的优点外，还克服了单桩基础需要冲刷防护的缺点。另外，由于由平面布设的三根钢管桩共同承受上部荷载，所以三角架基础的刚度较大，且钢管桩的桩径一般只需要 1～2.8m，从而解决了单桩基础的沉装难题，其成本介于单桩和三腿导管架基础之间，适用的水深范围及地质条件也比较广泛。挪威船级社《Design of offshore wind turbine structures》（DNV—OS—J101）推荐三角架基础适用水深为 0～30m。

三角架基础施工时，先沉放三角架，然后进行 3 根钢管桩的施打。桩套管与钢管桩的连接在水下进行，可采用灌注高强化学浆液或充填环氧胶泥（一般每根桩均需要配专用水下液压卡桩器）、水下焊接等措施进行连接。

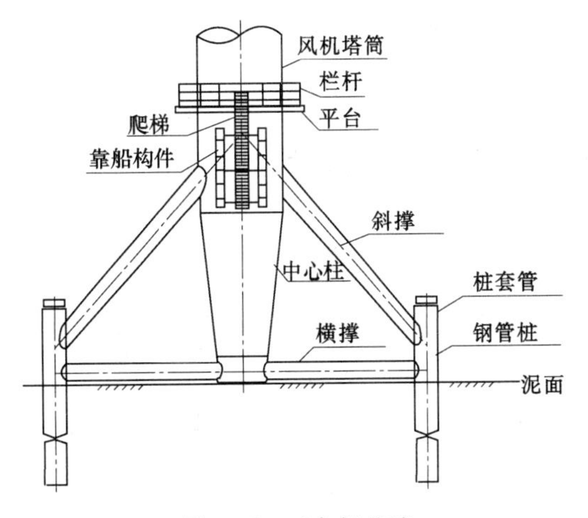

图 3-2　三角架基础

由于三角架基础需要进行水下打桩和水下灌浆，德国的 BARD Offshore 1 风场推出了高三桩门架式基础。用 3 根大直径钢管桩定位于海底，3 根桩呈正三角形布设，桩顶通过内插钢套管支撑上部钢结构体系，构成门架式基础，如图 3-3 所示。

门架式基础采用先打桩后安装导管架的施工方式，要求严格控制打桩精度，对打桩设备的能力及打桩精度要求较高，确保上部门架准确定位。为将灌浆提高至水面以上，桩顶需高出水面。为减小波浪荷载作用，方箱梁的底高程大于极端高潮位 $+2/3H_{1\%}$，上部门架可采用空间梁板结构。上部门架与钢管桩之间采用高强灌浆料连接。

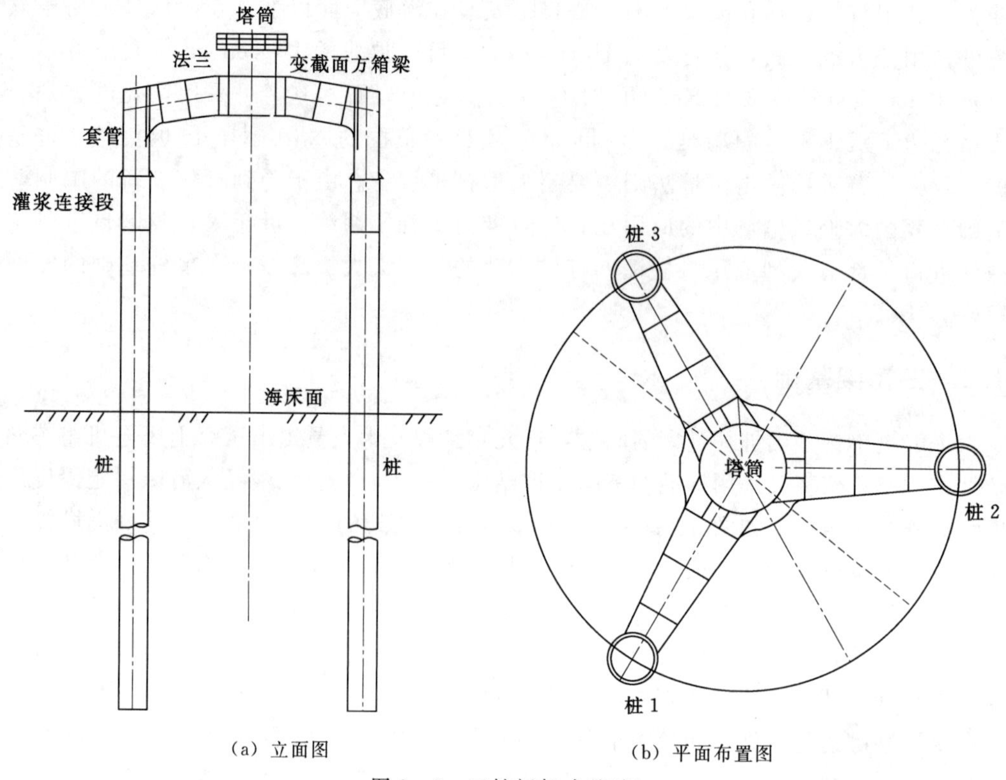

（a）立面图　　（b）平面布置图

图3-3　三桩门架式基础

3.1.3　导管架基础

导管架基础是海洋平台最常用的基础结构型式，在深海采油平台的建设中已经成熟应用，由导管架与桩两部分组成（图3-4），可推广应用于海上风电机组基础。导管架是一以钢管为骨棱的钢质锥台形空间框架，为预制钢构件。可以设计成三腿、四腿、三腿加中心桩、四腿加中心桩型式，一般由圆柱钢管构成。钢管桩与导管架一般在海床表面处连接，通过导管架各个支角处的导管打入海床。

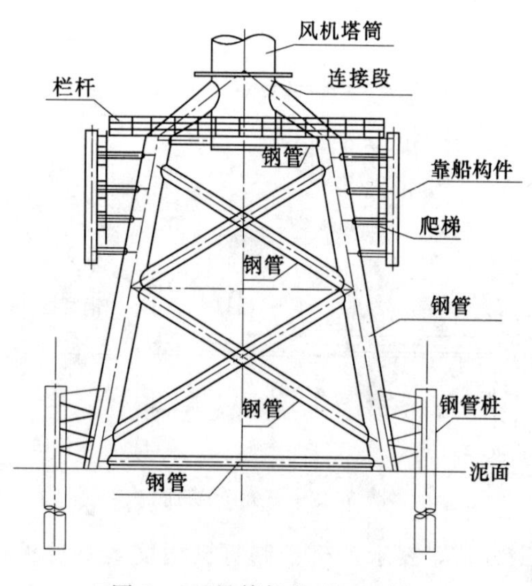

图3-4　导管架基础（四腿）

导管架基础的特点是基础的整体性好，承载能力较强，对打桩设备要求较低。导管架在陆地上预制而成，施工相对简便，但现场作业时间较长，其造价随着水深的增加呈指数增长。与单桩基础相比，其结构刚度和强度得到加强，承载能力大幅提高，基础更加稳定可靠，且对地质条件要求不高。这种基础型式在深海采油平台的建设中已应用成

熟，应用水深超过 300m。但在海上风电场中，考虑到建设成本，导管架基础的适用水深为 0～50m，最适用于水深为 20～50m 的海域，因为当水深超过 20m 时，相对于单桩基础和三角架基础，导管架基础的用钢量更少。

3.1.4 群桩承台基础

由于我国在桥梁和港口码头建设方面积累了较多的经验，从而在海上风电场建设中提出了群桩承台基础方案，桩的直径可大大减小，目前已在上海东海大桥海上风电项目中得到应用，但在国外还未见工程应用。

群桩承台基础主要由桩和承台组成（图 3－5），承台采用钢筋混凝土现浇结构。这种基础结构刚度大、整体性好，但施工工序较多、自重大、需桩多，承台现浇工作量大。混凝土承台有类似工程的施工经验，并且通过适当控制承台高程用钢筋混凝土承台抵抗船舶的撞击，不需另外设置防护桩。对于沿海浅表层淤泥较深、浅层地基承载力较低，且外海施工作业困难，打桩定位精度难以保证时，群桩承台由于桩数多，所需要的单根桩直径较小，且群桩承台基础对打桩精度要求相对较低，比较适合作为该类地区的海上风电机组基础的结构型式。

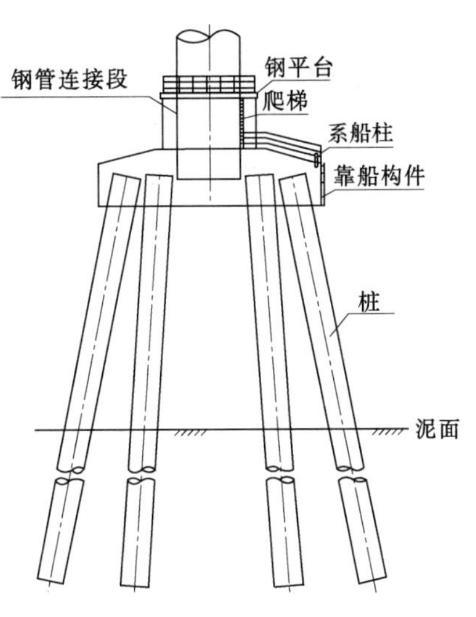

图 3－5 群桩承台基础

群桩承台基础具有结构刚度大、施工风险可控、总造价低的优点，对具有防撞要求的风电机组基础，采用群桩承台基础是适宜的。群桩承台基础主要适用于水深为 0～25m，适合离岸距离不远的海域施工。

3.2 桩承式基础的一般构造

3.2.1 桩

由于海上环境的特殊性，海上风电机组基础采用的桩主要有钢管桩和混凝土预制桩两大类，且绝大多数是采用钢管桩。这是由于钢管桩制作和施工方便，打入容易，能穿过硬土层，并能承受较大的水平荷载。

钢管桩是在工厂用钢板螺旋焊接而成。钢管桩的壁厚由两部分组成，一部分是有效厚度，是管壁在外力作用下所需要的厚度；另一部分是预留腐蚀厚度，是建筑物在使用年限内管壁防腐蚀所需要的厚度。对于海上风电场中采用的单桩基础，其钢管桩壁厚可达 70～80mm。钢管桩的外径与壁厚之比，不宜大于 70，以免打桩时由于壁厚较薄而导致部分钢桩屈曲破坏。对于沉桩困难的工程，应适当增加壁厚。

钢管桩的穿透能力强、自重轻、锤击沉桩的效果好，无论起吊、运输或是沉桩、接桩都很方便。但钢管桩的耗钢量大，成本高，容易产生锈蚀，影响使用年限，所以必须对钢管桩采取有效的防腐蚀措施，具体见第6章。

3.2.2 靠船防撞设施

3.2.2.1 靠船构件

为了固定检修船，防止检修船停靠时直接冲撞结构，海上风电机组基础一般应设置靠船构件。靠船构件通常采用钢桁架固定于桩身或平台，钢桁架最外侧可用橡胶材料包裹以缓冲船体的撞击。

靠船构件的设置，需保证船体可不直接撞击基础结构，所以靠船构件的底高程和顶高程需结合工程海域的低水位、高水位以及检修船的吃水深度等因素综合确定。

3.2.2.2 防撞设施

理想的防撞设计是防撞设施在事故中能对建筑物和船舶都有很好的保护，且防撞设施损害小，易修复。但在实践中，由于设计条件复杂，造价高昂，防撞设计很难达到理想的水平，而且现行各有关规范中也没给出统一的设计标准。对于重要的大型水上建筑物，一般需通过专题论证以确定防撞设计标准。

1. 防撞设计标准

目前我国还未颁布海上风电机组基础方面的设计规范或标准，没有防撞设计方面的标准可供直接采用。对海上风电机组基础的安全角度而言，防撞设计标准的确定应当从发生碰撞的概率和结构重要性两方面进行考虑。船舶撞上一个或者多个风电机组基础，至多不过致使被撞的机组一段时间内无法工作，并不构成全局性的事故。为判定船舶撞击事故的风险，应当进行相应的航行风险评估。风险评估将首先确定该区域的船舶等级和航迹线，然后运用国际通用的模型来评估船舶与风电机组基础发生碰撞的风险。据此就可以根据风险评估的结果，决定风电机组基础的设计是否应当考虑承受这种船舶碰撞事故的后果。防撞设计标准的确定应当包含船舶载重量或排水量等级和可能发生撞击事故的航行速度及航行方向。一般来说，海上风电场会远离主航道布置，在航线之外发生船舶撞击事故仅可能为迷航的船舶或者动力失控的船舶。船舶撞击速度的确定应综合考虑水流流速、风速、船舶惯性速度等多种因素。

2. 常见防撞设施设计

海上风电场范围较大，为了减少风机尾流的影响，风电机组的间距一般为400～1500m，有些特殊区域间距更大，最容易受撞击的位置为风电场周边的风电机组基础。每座基础如果都按较高的标准进行防撞设计，工程造价将非常高。因此，一般只对风电场外围的风电机组基础布置防撞设施。

防撞设施按照与海上风电机组基础结构的关系可以分为分离式和附着式两类。

（1）分离式防护系统。分离式防护系统主要包括浮体系泊防护系统、群桩墩式防护系统和单排桩防护系统等。

1）浮体系泊防护系统。该系统由浮体、钢丝绳、锚定物组成。浮体移动、钢丝绳变形、锚定物在碰撞力作用下移动等都可吸收大量能量，对碰撞船舶也有很好的保护作用。该系统占用水域大，建造复杂，一般仅适用含有球首的较大型船舶。

2）群桩墩式防护系统。该系统由多根桩和防撞墩组成。群桩墩式结构刚度大，一旦

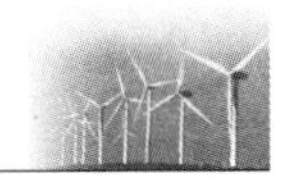

发生碰撞事故，船只的损伤比较大，因而该防护系统仅适用于碰撞概率较低，且采用其他防护措施达不到防护效果的情况。

3）单排桩防护系统。该系统采用间隔布置的钢管桩作为防撞设施，钢管桩之间通过锚链或水平钢管相连。计算防撞能力时不考虑桩间联系刚度，即按单桩计算防撞能力。单排桩防护系统仅能抵抗小型船舶的撞击，对于中大型的船舶仅起到警示和缓冲作用。

（2）附着式防护系统。当撞击能量相对较小，风电机组基础结构抵抗水平力的能力较大，或者受地质条件限制，不易设置分离式防护系统时，也可采用附着式防护系统。该系统可以利用风电机组基础结构本身作为支承结构，不必单独进行基础的处理。

附着式防护系统设计的主要内容是缓冲装置设计。缓冲装置对基础结构本身和船舶都有很好的保护，因而在桥梁工程中得到较多的应用，主要采用钢质套箱和加装防冲橡胶护舷两种形式。海上风电机组基础作为独立个体，采用附着式防护系统较经济合理，因此目前一般固定式风电机组基础的防护基本采用该类防撞措施。

3. 警示装置设计

警示装置设计是防撞设计的重要内容。所有处在外围的风电机组基础均需设置夜间和雾天警示灯，警示灯布置在基础醒目位置。为防止个别警示灯意外损害，每个基础需布置多套警示灯。若海上风电场与海上航线邻近，航道边应设置浮标。同时，靠近航线侧的风电机组基础应设置雷达应答器，以便装有雷达装置的较大型船舶能及早发现障碍物，避免越过浮标位置碰撞风电机组基础。

3.2.3 平台、栏杆及爬梯

海上风电机组需设置检修平台，位置一般在高于海面的适当位置，需保证平台底高程高于设计高水位以及平台不受波浪的影响。为了保障检修人员的安全，需在平台四周设置栏杆。为了方便检修人员上下检修平台，在靠船处与平台之间需设置爬梯。

3.3 桩承式基础的结构布置

3.3.1 三角架（导管架）基础的结构布置

1. 桩的布置

三角架（导管架）承受上部风电机组塔筒荷载、波浪、水流等环境荷载及自重，并将荷载通过撑杆（钢管）传递给打入海床的钢管桩。三角架（导管架）基础采用钢管桩定位于海底，钢管桩一般呈正三角形（多边形）均匀布设，桩顶通过钢套管支撑上部三角架（导管架）式结构，构成组合式基础。

2. 基桩与三角架（导管架）的连接

三角架（导管架）基础中的桩顶部通过特殊灌浆或桩模的方式与三角架（导管架）相连，其中以灌浆方式居多。海上风电机组基础承受较大的水平荷载，连接段承受弯矩较大，对灌浆连接的质量和作用效果提出了很高的要求。

桩与三角架（导管架）的连接灌浆材料可采用高强灌浆料。高强灌浆料具有大流动度、无收缩、早强及高强等特点，28d抗压强度可达90MPa以上，与钢材的粘结强度可达6MPa以上，且配制简单，价格适中，满足海上风电机组三角架（导管架）基础对灌浆材料指标的要求。

海上风电机组三角架（导管架）基础的连接段一般完全或部分处于水下，宜采用底部灌注方式。灌浆过程中，在浆液充满环形空间后，应进行一段时间的压力闭浆。采用底部灌浆，结石体与管壁粘结比较密实，结石体内部的蜂窝状孔隙很小且较少，灌浆效果较好。

3.3.2 群桩承台基础的结构布置

1. 桩的布置

桩的布置直接关系到整个基础结构的受力，其布置原则是：①应能充分发挥桩的承载力，且使同一承台下的各桩受力尽量均匀，使基础的沉降和不均匀沉降较小；②应使整个群桩承台基础的建设比较经济；③应考虑基桩施工的可能性与方便性。

桩的布置宜符合以下条件：

（1）为充分发挥桩的承载力，桩的最小中心距应符合表3-1的规定。

表3-1 桩的最小中心距

土类与成桩工艺		排数不少于3排且桩数不少于9根的摩擦型桩	其他情况
部分挤土桩		3.5D	3.0D
挤土桩	饱和黏性土	4.5D	4.0D

注：1. D为圆桩直径或方桩边长。
2. 当纵横向桩距不相等时，其最小中心距应满足“其他情况”一栏的规定。

（2）应尽量使桩群承载力合力点与竖向永久荷载合力作用点重合，并使桩在受水平力和力矩较大方向有较大的抗弯截面模量。

（3）尽量采用对称布置，其位置、坡度及桩端嵌固情况均宜对称，这种布置结构简单，计算容易，施工方便。

（4）应选择较硬土层作为桩端持力层。桩端全断面进入持力层的深度，对于黏性土、粉土不宜小于2D，砂土不宜小于1.5D，碎石类土不宜小于1D。当存在软弱下卧层时，桩端以下硬持力层厚度不宜小于3D。

海上风电机组群桩承台基础中，基桩通常为斜桩且倾斜的角度一般不超过15°。在进行平面布置时，应安排好斜桩的倾斜方向，要避免桩与桩在泥面下相碰。考虑到打桩偏差，两根桩交叉时的净距不宜小于50cm。此外，还要考虑桩的布置对施工程序的影响，保证每根桩都能打，且施工方便；不妨碍打桩船的抛锚和带缆；尽量减少调船和变动打桩架斜度。

为减小基础的沉降，应采取以下措施：①同一承台下的桩，宜打至同一土层，且桩端高程不宜相差太大；②当桩端进入不同的土层时，各桩沉桩贯入度不宜相差过大；③同一承台桩端不应打入软硬不同的土层。

2. 承台高程

桩顶与承台底部相连，承台的底部高程应考虑使用要求、施工水位、波浪对结构的影响、靠船检修、低潮时防止船舶直接撞击下部基桩的需要等因素。

施工水位与建筑物的标准、当地水文条件、施工单位的施工能力和混凝土浇筑量的多少等因素有关，应根据相似建筑物的使用和施工经验结合具体的各种因素综合考虑确定。

承台顶高程应从设计水位、设计波高、结构受到的波浪力等综合考虑。一般情况下，需保证基础上方塔筒与基础结合面不受海水浸泡和波浪打击。但是，如果承台顶面高程过高，则不方便维护人员的上下。承台顶高程通常可取为：设计高水位＋波浪超高＋富裕高度，其中波浪超高可取 50 年一遇 $H_{1\%}$ 波浪的超高。

3. 承台尺寸

承台的厚度主要由承台的抗冲切、抗剪切、抗弯承载力以及桩与塔筒的连接要求综合确定。承台的平面尺寸主要取决于桩群的平面布置以及检修操作的空间需求等。除此之外还有一些构造要求，如边桩中心至承台边缘的距离不应小于桩的直径或边长，且桩的外边缘至承台边缘的距离不应小于 150mm。

3.4 桩承式基础的计算

桩承式基础的设计应考虑持久状况、短暂状况、地震状况和偶然状况四种设计状况，并按不同的极限状态和效应组合进行计算和验算。按承载能力极限状态设计的主要有下列情况：①桩的承载力等；②构件的强度；③桩的压屈稳定等。按正常使用极限状态设计的主要有下列情况：①构件抗裂、限裂；②基础变形等。在计算得到桩的承载力后，还需根据各种计算工况对其进行验算。此外，还需对诸如软弱下卧层、负摩阻力等特殊情况进行验算。本节重点介绍桩承式基础的承载力、抗裂、限裂以及基础变形的计算，桩的强度和压曲稳定将在 3.6.4 节中介绍。

3.4.1 桩的承载力计算

桩承式基础由若干根桩与承台共同组成，所有桩共同承受整个风电机组结构所受的荷载。因此，在设计时应首先计算每根桩的极限承载力，并将之与其在任一状况下所分担的荷载进行比较，以确定其满足使用要求。

桩的承载力主要包括抗压承载力、水平承载力和抗拔承载力。摩擦桩抗压承载力由桩侧摩阻力和桩端阻力两部分组成；对于端承桩，对抗压承载力起主要作用的是桩端阻力。桩抗拔时则不存在桩端阻力，仅有桩侧摩阻力起作用。影响桩承载力的因素很多，静载荷试验是确定桩承载力最可靠的方法，用高应变动测法确定承载力的技术经过约 20 年的研究和实践也日趋成熟。在方案设计阶段或无条件试桩时，可按下述方法计算桩的承载力。

3.4.1.1 抗压承载力

钢管桩抗压承载力标准值为

$$Q_k = Q_f + Q_p = \sum f_i A_s + \lambda_p q A_p \tag{3-1}$$

式中 Q_f——桩侧摩阻力标准值，kN；

Q_p——桩端承载力标准值，kN；

f_i——单位桩侧摩阻力标准值，kPa；

A_s——桩侧表面积，m^2；

q——单位桩端承载力标准值，kPa；

A_p——桩端总面积，m^2；

λ_p——桩端闭塞效应系数，对于闭口钢管桩 $\lambda_p = 1$，对于敞口钢管桩分情况取值。当 $h_b/D < 5$ 时，$\lambda_p = 0.16h_b/D$；当 $h_b/D \geqslant 5$ 时，$\lambda_p = 0.8$；h_b 为桩端进入持力层深度；D 为钢管桩外径。对于大直径的钢管桩，其桩端闭塞效应系数宜由试验确定。

3.4.1.2 水平承载力

风荷载、波浪荷载和水流荷载等是作用在海上风电机组基础上的重要荷载，这些荷载的特点是基本呈水平向且为循环荷载。此外，海上风电机组风机基础还时常受到冰荷载和船舶荷载的作用，这些荷载在水平方向上的分力往往对结构有较大影响。因此，海上风电机组基础的水平承载力设计非常重要。

以前关于桩的水平承载力的计算多采用“m”法等线弹性计算方法，随着桩基应用领域的扩展，桩基所处水域水深的增大，其所承受的水平荷载及所产生的位移越来越大，线弹性计算方法不能体现桩—土非线性作用的实际情况。挪威船级社《Design of offshore wind turbine structures》(DNV—OS—J101) 提出，水平向静荷载和水平向循环荷载作用下桩的水平承载力可采用 P—Y 曲线法计算。

3.4.1.3 抗拔承载力

与单桩基础不同，三角架基础、导管架基础和群桩承台基础由多根桩组成。由于空间上的距离，当风机荷载、波浪荷载、水流荷载、冰荷载或船舶荷载等从某一方向作用于整体结构时，基础中的部分桩可能受到下压荷载作用，而部分桩则可能受到上拔荷载作用，如图 3－6 所示，其中 C 桩承受下压荷载，A 桩则可能承受上拔荷载。因此，与单桩基础相比，三角架基础、导管架基础和群桩承台基础除计算桩的抗压承载力和水平承载力外，还需计算桩的抗拔承载力。

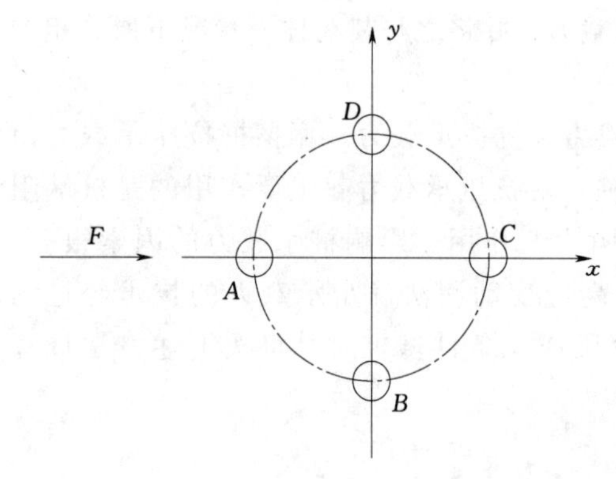

图 3－6 群桩承台基础基桩受力示意图

桩的抗拔承载力标准值可以等于或小于、但不得大于桩侧摩阻力 Q_f，宜通过现场试验确定，并且在确定桩的抗拔承载力标准值时，应考虑包括静水上浮力和土塞重量在内的桩有效重量。由于海上风电机组基础所使用的桩往往较长，存在接桩部位，桩与承台之间也存在连接部位，所以桩的抗拔承载力还受钢管桩桩身焊接处以及桩与承台连接处的连接强度控制。因此，在确定桩的抗拔承载力标准值的同时，还需验算桩的抗拔承载力是

否超过桩身焊接处以及桩与承台连接处的抗拉强度。

参照《港口工程桩基规范》(JTS 167—4—2012),对于允许不作静载试桩的工程,其单桩抗拔承载力标准值为

$$T_k = \sum \xi_i f_i A_s + G\cos\alpha_i \tag{3-2}$$

式中 A_s——桩侧表面积,m^2;

ξ_i——折减系数。对黏性土取0.7~0.8;对砂土取0.5~0.6。桩的入土深度大时取大值,反之取小值;

G——桩体自重,水下部分按浮重力计,kN;

α_i——桩轴线与垂线夹角,(°)。

3.4.1.4 群桩效应

1. 竖向荷载下桩基础的群桩效应

在竖向荷载作用下,桩承式基础的群桩效应可参考《浅海钢质固定平台结构设计与建造技术规范》(SY/T 4094—2012)中的规定:在黏性土中的群桩,当桩距小于8倍桩径时,应考虑群桩效应对承载力及变形的影响。在砂性土中,可不考虑群桩效应对承载力的影响。黏性土中群桩的承载力标准值可按下列规定确定:

(1)当桩距小于3倍桩径时,可按公认的整体深基础法考虑。

(2)当桩距在3~8倍桩径时,其计算公式为

$$Q = Q_d n \eta \tag{3-3}$$

其中

$$\eta = \frac{1}{1+\xi_c} \tag{3-4}$$

式中 Q——群桩的承载力标准值,kN;

Q_d——单桩的承载力标准值,kN;

n——群桩中的桩数;

η——群桩效应系数;

ξ_c——应力折减率,按表3-2取值。

2. 水平荷载下桩基础的群桩效应

参照《港口工程桩基规范》(JTS 167—4—2012)中的规定:在水平力作用下,群桩中桩的中心距小于8倍桩径,桩的入土深度在小于10倍桩径以内的桩段,应考虑群桩效应。在非往复水平荷载作用下,距荷载作用点最远的桩按单桩计算。其余各桩应考虑群桩效应。其$P-Y$曲线中的土抗力P在无试验资料时,黏性土抗力折减系数的计算公式为

$$\lambda_h = \left[\frac{\frac{S_0}{D}-1}{7}\right]^{0.043\left(10-\frac{Z}{d}\right)} \tag{3-5}$$

式中 λ_h——土抗力的折减系数;

S_0——桩距,m;

Z——计算点深度,m。

表3-2　　应力折减率 ξ_c

类别	桩位简图	应力折减率 ξ_c	符号说明
A	S_2 S_2 S_1 S_1 S_1 图中 $M=4$，$N=3$	$\xi_c=2B_{s1}\frac{M-1}{M}+2B_{s2}\frac{N-1}{N}+4B_s\frac{(M-1)(N-1)}{MN}$ $B_{s1}=\left(\frac{1}{3S_1}-\frac{1}{2L\tan\varphi}\right)D$ $B_{s2}=\left(\frac{1}{4S_2}-\frac{1}{2L\tan\varphi}\right)D$ $B_s=\left(\frac{1}{\sqrt{S_1^2+S_2^2}}-\frac{1}{2L\tan\varphi}\right)D$	M、N—S_1 及 S_2 方向的桩数； S_1、S_2—桩距，m； L—桩的入土深度，m； φ—土的内摩擦角，分层土加权平均值，(°)； D—桩径，m
B	S S	$\xi_c=2B_{s1}\frac{N-1}{N}$ $B_{s1}=\left(\frac{1}{3S}-\frac{1}{2L\tan\varphi}\right)D$	S—桩距，m； N—桩数； φ—土的内摩擦角，(°)； L—桩的入土深度，m
C	S_{n-1} S_1 S_2 S_3 S_4	$\xi_c=\sum_{i=1}^{N-1}\left(\frac{1}{3S_i}-\frac{1}{2L\tan\varphi}D\right)$ 如式中的某项为负数，则取其为零	S_i—桩距，m

3.4.2　桩的承载力验算

在计算得到桩的承载力后，还需根据各种计算工况对其进行验算。此外，还需对诸如软弱下卧层、负摩阻力等特殊情况进行验算。

3.4.2.1　一般情况下桩的承载力验算

1．桩顶荷载计算

对于多桩基础，桩顶荷载效应可按下列公式计算（图3-7）：

轴心荷载作用下

$$Q_k=\frac{F_k+G_k}{n} \tag{3-6}$$

偏心荷载作用下

$$Q_{ik}=\frac{F_k+G_k}{n}\pm\frac{M_{xk}y_i}{\sum y_i^2}\pm\frac{M_{yk}x_i}{\sum x_i^2} \tag{3-7}$$

水平力作用下

$$H_{ik}=\frac{H_k}{n} \tag{3-8}$$

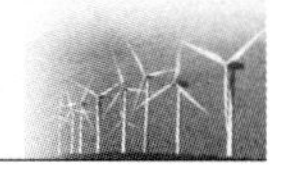

式中 F_k——相应于荷载效应标准组合时，作用于桩顶的竖向力标准值，kN；

G_k——桩基承台（或三角架、导管架）自重，kN；

Q_k——相应于荷载效应标准组合轴心竖向力作用下任一单桩的竖向力标准值，kN；

n——基础中桩数；

Q_{ik}——相应于荷载效应标准组合偏心竖向力作用下第 i 根桩的竖向力标准值，kN；

M_{xk}，M_{yk}——相应于荷载效应标准组合作用于承台（或三角架、导管架）底面通过桩群中心的 x、y 轴的力矩标准值，kN·m；

x_i，y_i——桩 i 通过桩群形心的 y、x 轴线的距离，m；

H_k——相应于荷载效应标准组合时，作用于承台底面的水平力标准值，kN；

H_{ik}——相应于荷载效应标准组合时，作用于任一单桩的水平力标准值，kN。

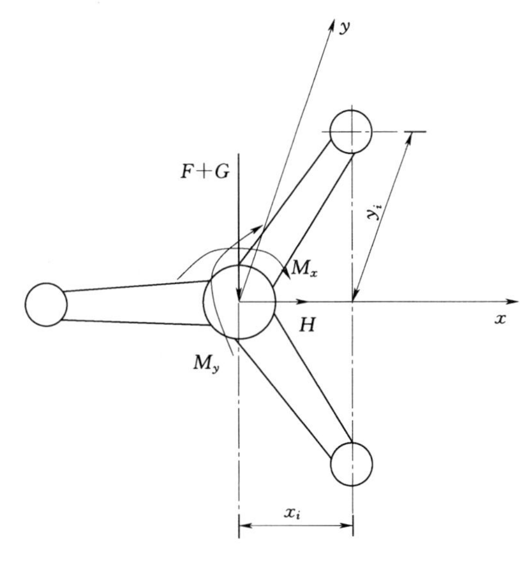

图 3-7 桩顶荷载计算简图

2. 承载力验算

（1）荷载效应标准组合。

轴心竖向力作用下

$$N_k \leqslant R \quad (3-9)$$

偏心竖向力作用下除满足式（3-9）外，尚应满足

$$N_{k\max} \leqslant 1.2R \quad (3-10)$$

水平荷载作用下

$$H_{ik} \leqslant R_h \quad (3-11)$$

（2）地震作用效应和荷载效应标准组合。

轴心竖向力作用下

$$N_{Ek} \leqslant 1.25R \quad (3-12)$$

偏心竖向力作用下，除满足式（3-12）外，尚应满足

$$N_{Ek\max} \leqslant 1.5R \quad (3-13)$$

水平荷载作用下

$$H_{Eik} \leqslant 1.25R_h \tag{3-14}$$

式中 N_k——荷载效应标准组合轴心竖向力作用下，桩基或复合桩基的平均竖向力，kN；

$N_{k\max}$——荷载效应标准组合偏心竖向力作用下，桩顶最大竖向力，kN；

N_{Ek}——地震作用效应和荷载效应标准组合下，桩基或复合桩基的平均竖向力，kN；

$N_{Ek\max}$——地震作用效应和荷载效应标准组合下，桩基或复合桩基的最大竖向力，kN；

R——桩基或复合桩基竖向承载力特征值，kN；

H_{Eik}——地震作用效应和荷载效应标准组合下，作用于桩基 i 桩顶处的水平力，kN；

R_h——桩基水平承载力特征值，kN。

3.4.2.2 特殊条件下桩的竖向承载力验算

1. 软弱下卧层验算

在实际工程中，会遇到持力层下存在软弱下卧层的情况，如图3-8所示。

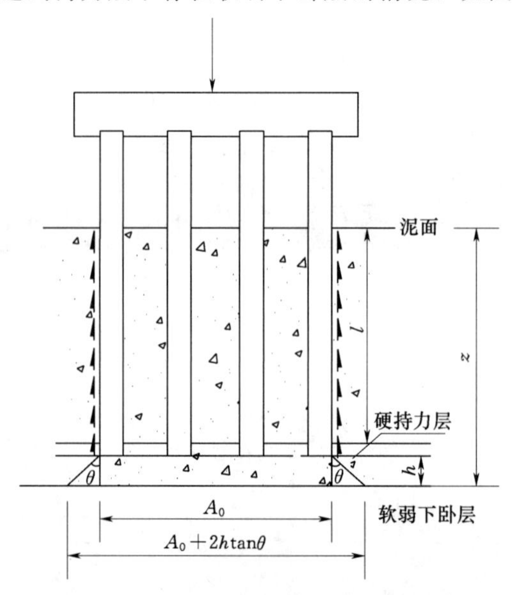

图3-8 软弱下卧层承载力验算

目前关于软弱下卧层桩的承载力的验算方法已比较成熟。对于桩距不超过6D的群桩基础，桩端持力层下存在承载力低于桩端持力层承载力1/3的软弱下卧层时，软弱下卧层承载力的验算公式为

$$\sigma_z + \gamma_m z \leqslant f_{az} \tag{3-15}$$

$$\sigma_z = \frac{(F_k + G_k) - \frac{3}{2}(A_0 + B_0)\sum f_i l_i}{(A_0 + 2h\tan\theta)(B_0 + 2h\tan\theta)} \tag{3-16}$$

式中 σ_z——作用于软弱下卧层顶面的附加应力，kPa；

γ_m——软弱层顶面以上各土层重度（地下水位以下取浮重度）的厚度加权平均值，

kN/m^3；

h——硬持力层厚度，m；

f_{az}——软弱下卧层经深度 z 修正的地基承载力特征值，kPa；

A_0，B_0——桩群外缘矩形底面的长、短边边长，m；

f_i——桩周第 i 层土的极限侧阻力标准值，kPa；

l_i——第 i 层土的厚度，m；

θ——桩端硬持力层压力扩散角，(°)。

2. 负摩阻力计算

当桩穿越欠固结土、液化土层进入相对较硬土层或桩周存在软弱土层，邻近桩侧地面承受局部较大的长期荷载时，在计算桩承载力时应计入桩侧负摩阻力。

在无实测资料时，桩侧负摩阻力及其引起的下拉荷载可按下述方法计算。

(1) 中性点以上单桩桩周第 i 层土负摩阻力标准值为

$$q_{si}^{n} = \xi_{ni}\sigma'_i \tag{3-17}$$

式中 q_{si}^{n}——第 i 层土桩侧负摩阻力标准值，kPa，当按计算得到的负摩阻力值大于正摩阻力标准值时，取正摩阻力标准值进行设计；

ξ_{ni}——桩周第 i 层土负摩阻力系数，可按表 3-3 取值；

σ'_i——桩周第 i 层土平均竖向有效应力，kPa。

表 3-3 负摩阻力系数 ξ_n

土类	ξ_n	土类	ξ_n
饱和软土	0.15～0.25	砂土	0.35～0.50
黏性土、粉土	0.25～0.40		

注： 在同一类土中，对应于挤土桩，取表中较大值，对应于非挤土桩，取表中较小值。

(2) 考虑群桩效应的基桩下拉荷载的计算公式为

$$Q_g^n = \eta_n u \sum_{i=1}^{n} q_{si}^n l_i \tag{3-18}$$

$$\eta_n = S_{ax} S_{ay} \Big/ \left[\pi d\left(\frac{q_s^n}{\gamma_m} + \frac{D}{4}\right)\right] \tag{3-19}$$

式中 u——桩身周长，m；

n——中性点以上土层数；

l_i——中性点以上第 i 层土层的厚度，m；

η_n——负摩阻力群桩效应系数；

s_{ax}，s_{ay}——纵、横向桩的中心距，m；

q_s^n——中性点以上桩周土层厚度加权平均负摩阻力标准值，kPa；

γ_m——中性点以上桩周土层厚度加权平均重度（取浮重度），kN/m^3。

对于单桩基础或按式 (3-19) 计算的群桩效应系数 $\eta_n > 1$ 时，取 $\eta_n = 1$。

(3) 中性点深度 l_n 应按桩周土层沉降与桩沉降相等的条件计算确定，也可参照表 3-4 确定。

表3-4　中性点深度 l_n

持力层性质	黏性土、粉土	中密以上砂	砾石、卵石	基　岩
l_n/l_0	0.5～0.6	0.7～0.8	0.9	1.0

注：1. l_n、l_0分别为自桩顶算起的中性点深度和桩周软弱土层下限深度。
2. 当桩周土层固结与桩基固结沉降同时完成时，取 $l_n=0$。
3. 当桩周土层计算沉降量小于20mm时，l_n 应按表列值乘以0.4～0.8折减。

3.4.3　抗裂与裂缝宽度验算

对于钢管桩，其在使用过程中不允许出现裂缝；对于混凝土或预应力混凝土桩，应根据工程等级确定允许的最大裂缝宽度限值，具体要求参见表3-5。在使用阶段允许出现裂缝的混凝土桩，应验算准永久组合下的裂缝宽度；当有必要考虑作用的频遇组合时，可采用频遇组合值代替准永久组合值。

表3-5　混凝土拉应力限制系数 α_{ct} 和最大裂缝宽度限值［W_{max}］

<table>
<tr><th>构件类别</th><th colspan="2">钢筋种类</th><th>大气区</th><th>浪溅区</th><th>水位变动区</th><th>水下区</th></tr>
<tr><td rowspan="2">钢筋混凝土结构</td><td rowspan="2">—</td><td>裂缝控制等级</td><td>三</td><td>三</td><td>三</td><td>三</td></tr>
<tr><td>［W_{max}］/mm</td><td>0.20</td><td>0.20</td><td>0.25</td><td>0.30</td></tr>
<tr><td rowspan="4">预应力混凝土结构</td><td rowspan="2">冷拉HRB400级钢筋</td><td>裂缝控制等级</td><td>二</td><td>二</td><td>二</td><td>二</td></tr>
<tr><td>α_{ct}</td><td>0.5</td><td>0.3</td><td>0.5</td><td>0.8</td></tr>
<tr><td rowspan="2">钢丝、钢绞线、螺纹钢筋</td><td>裂缝控制等级</td><td>二</td><td>一</td><td>二</td><td>二</td></tr>
<tr><td>α_{ct}</td><td>0.3</td><td>0.0</td><td>0.3</td><td>0.5</td></tr>
</table>

注：1. 大气区、浪溅区、水位变动区和水下区的划分见6.1.3节。
2. 受冻融作用的水位变动区按浪溅区规定采用。

3.5　桩承式基础的变形控制标准

3.5.1　桩承式基础的竖向沉降和倾斜率控制标准

对于海上风电机组基础，其变形要求主要由上部风机正常运行所能承受的变形确定。由于群桩承台基础中的桩多数是斜桩，与由直桩组成的群桩基础变形特性有所不同。当斜桩倾角小于10°时对桩顶沉降没有太大影响；当斜桩倾角大于10°时，斜桩的桩顶沉降相对较大；在相同的竖向荷载作用下，直桩组成的群桩基础的沉降比主要由斜桩组成的群桩基础小。因此，在群桩承台基础中应尽可能避免设计倾角大于10°的斜桩，并在控制基础竖向变形时可适当提高要求。

参考《风电机组地基基础设计规定（试行）》（FD 003—2007）的规定，同时考虑到海上风力发电机单机容量较大，风机轮廓高度较高，海上风电机组基础沉降与倾斜控制标准可按表3-6实施。

表 3-6　海上风电机组基础变形允许值

轮毂高度 H /m	沉降允许值/mm		倾斜率允许值 $\tan\theta$
	高压缩性黏性土	低、中压缩性黏性土、砂土	
$H<80$	200	100	0.005
$80<H\leqslant 100$	150	100	0.004
$H>100$	100	100	0.003

注：倾斜率是指基础倾斜方向上，实际受压区域两边缘的沉降差与其距离的比值，其计算公式为 $\tan\theta=\frac{s_1-s_2}{b_s}$。其中，$s_1$、$s_2$ 为基础倾斜方向上，实际受压区域两边缘的最终沉降值，m；b_s 为基础倾斜方向上实际受压区域的宽度，m。

3.5.2　桩承式基础的沉降计算

为了计算桩承式基础的整体沉降量，将沉降计算点水平面影响范围内的各桩对应力计算点产生的附加应力叠加，采用单向压缩分层总和法计算土层的沉降，并计入桩身压缩 s_e。对于群桩承台基础，由于承台通常为钢筋混凝土结构，其自身的压缩量非常小，在计算基础的整体沉降量时，可不考虑该部分的影响。在沉降计算过程中，桩端平面以下地基中由桩引起的附加应力，按考虑桩径影响的明德林解计算确定。桩承式基础的最终沉降量计算公式为

$$s=\psi\sum_{i=1}^{n}\frac{\sigma_{zi}}{E_{si}}\Delta z_i+s_e \tag{3-20}$$

$$\sigma_{zi}=\sum_{j=1}^{m}\frac{Q_j}{l_j^2}[\alpha_j I_{p,ij}+(1-\alpha_j)I_{s,ij}] \tag{3-21}$$

$$s_e=\xi_e\frac{Q_j l_j}{E_c A_{ps}} \tag{3-22}$$

式中　m——以沉降计算点为圆心，0.6 倍桩长为半径的水平面影响范围内的桩数；

n——沉降计算深度范围内土层的计算分层数；分层数应结合土层性质，分层厚度不应超过计算深度的 0.3 倍；

σ_{zi}——水平面影响范围内各桩对应力计算点桩端平面以下第 i 层土 1/2 厚度处产生的附加竖向应力之和；应力计算点应取与沉降计算点最近的桩中心点，kPa；

Δz_i——第 i 计算土层厚度，m；

E_{si}——第 i 计算土层的压缩模量，MPa，采用土的自重压力至土的自重压力加附加压力作用时的压缩模量；

Q_j——第 j 桩在荷载效应准永久组合作用下，桩顶的附加荷载，kN；

l_j——第 j 桩桩长，m；

A_{ps}——桩身截面面积，m^2；

α_j——第 j 桩总桩端阻力与桩顶荷载之比，近似取极限总端阻力与单桩极限承载力之比；

$I_{p,ij}$，$I_{s,ij}$——第 j 桩的桩端阻力和桩侧阻力对计算轴线第 i 计算土层 1/2 厚度处的应力影

响系数；

E_c ——桩身材料的弹性模量，MPa；

s_e ——计算桩身压缩量，mm；

ξ_e ——桩身压缩系数。端承型桩，取 $\xi_e=1.0$；摩擦型桩，当 $\frac{l}{d}\leqslant 30$ 时，取 $\xi_e=\frac{2}{3}$；$\frac{l}{d}\geqslant 50$ 时，取 $\xi_e=1/2$；介于两者之间可线性插值；

ψ ——沉降计算经验系数，无当地经验时，可取 1.0。

对于桩承式基础的最终沉降计算深度 z_n，可按应力比法确定，即 z_n 处由桩引起的附加应力 σ_z 应不大于自重应力 σ_c 的 0.2 倍；当桩端地基土为高压缩性土时，z_n 处由桩引起的附加应力 σ_z，应不大于自重应力 σ_c 的 0.1 倍。

3.5.3　桩承式基础的水平变位控制标准

与陆上风电机组基础不同，海上风电机组桩承式基础中的桩常伸出海床十几米甚至更长，在设计时还需要考虑基础的水平变位。但是，目前还没有水平向变位的控制标准。上海东海大桥海上风电项目在可行性研究阶段中，对基础水平变位的要求是控制在 25mm 以内。与群桩承台基础相比，单桩基础的钢管桩桩径较大，其竖向承载力一般都是可以满足设计要求的，但由于其长度一般较长，水平向刚度有限，所以基础的水平变位不如群桩承台基础易于控制。因此，在综合考虑单桩基础与群桩承台基础的水平变位特点的基础上，可要求：① 当风机轮毂高度大于 100m 时，桩在泥面处的水平位移应控制在 20mm 以内；② 当风机轮毂高度不大于 100m 时，桩在泥面处的水平位移应控制在 25mm 以内。

3.6　钢管桩结构设计

桩的承载力大小取决于地基土性质和桩身材料性质。海上风电机组基础一般都采用钢管桩，所以本节针对钢管桩的设计进行具体说明。对钢管桩进行设计时，一般需符合材料、桩体壁厚、分段、构造、强度、稳定、防腐等方面的规定。

3.6.1　钢管桩的材料

参照《港口工程桩基规范》（JTS 167—4—2012），钢管桩的材料可按下述条件选择。钢管桩所用钢材，应根据建筑物的重要性、自然条件、受力状况和抗腐蚀要求等，在满足设计对其机械性能和化学组成要求的前提下，考虑材料的加工和可焊性，并通过技术经济比较后确定。钢管桩所用钢材，应取用同一型号的钢种。

对一般工程，钢管桩所用钢材可优先采用 Q235 - B 级以上镇静钢或 Q345 钢，并根据工程需要选用合适的材性等级。对于重要的工程，经技术经济论证后，也可采用耐腐蚀钢。钢材的质量应符合现行国家标准《碳素结构钢》（GB 700—2006）和《低合金结构钢技术条件》（GB 1591—2008）的规定。

海上风电机组基础的桩由于所受的弯矩、水平力比较大，一般采用热轧低合金高强度

结构钢，材质均选用 Q345C 型。要求钢板表面不允许有任何缺陷，比如麻点、裂纹、皱折、贴边等，不允许采用补焊的方式修补。为保证钢材低温性能，要求冲击试验时 0℃ 冲击功不得低于 34J。用于钢管桩制作的钢板，其长度、宽度允许偏差均应满足《热轧钢板和钢带的尺寸、外形、重量及允许偏差》（GB/T 709—2006）的相关规定，其厚度应满足 A 类偏差要求，见表 3-7。

表 3-7　钢管桩所采用的钢板厚度允许偏差（A 类）

公称厚度	下列公称宽度的厚度允许偏差/mm			
	≤1500	>1500～2000	>2500～4000	>4000～4800
3.00～5.00	+0.55 −0.35	+0.70 −0.40	+0.85 −0.45	
>5.00～8.00	+0.65 −0.35	+0.75 −0.45	+0.95 −0.55	
>8.00～15.00	+0.70 −0.40	+0.85 −0.45	+1.05 −0.55	+1.20 −0.60
>15.00～25.00	+0.85 −0.45	+1.00 −0.50	+1.15 −0.65	+1.50 −0.70
>25.00～40.00	+0.90 −0.50	+1.05 −0.55	+1.30 −0.70	+1.60 −0.80
>40.00～60.00	+1.05 −0.55	+1.20 −0.60	+1.45 −0.75	+1.70 −0.90
>60.00～100.00	+1.20 −0.60	+1.50 −0.70	+1.75 −0.85	+2.00 −1.00
>100.00～150.00	+1.60 −0.80	+1.90 −0.90	+2.15 −1.05	+2.40 −1.20
>150.00～200.00	+1.90 −0.90	+2.20 −1.00	+2.45 −1.15	+2.50 −1.30
>200.00～250.00	+2.20 −1.00	+2.40 −1.20	+2.70 −1.30	+3.00 −1.40
>250.00～300.00	+2.40 −1.20	+2.70 −1.30	+2.95 −1.45	+3.20 −1.60
>300.00～400.00	+2.70 −1.30	+3.00 −1.40	+3.25 −1.55	+3.50 −1.70

焊接材料的机械性能应与钢管桩主材相适应。若母材选用的 Q345C，则焊接材料应选用 H10Mn2、H10MnSi 型焊丝、HJ431 型焊剂等。碳素钢的强度设计值应根据钢材厚度或直径分组取值。钢材的分组方法按表 3-8 采用，钢材的强度设计值按表 3-9 确定，焊接材料的强度设计值按表 3-10 确定。

表 3-8　Q235 钢材分组尺寸

组别	角钢、工字钢和槽钢的厚度/mm	钢板的厚度/mm
第 1 组	≤15	≤20
第 2 组	>15～20	>20～40

表 3-9　钢 材 的 强 度 设 计 值

钢材		抗拉、抗压和抗弯 f /MPa	抗剪 f_v /MPa	端面承压（刨平顶紧）f_{ce} /MPa
钢号	厚度或直径/mm			
Q235	≤16	215	125	325
	>16～40	205	120	
	>40～60	200	115	
Q345	≤16	310	180	400
	>16～35	295	170	
	>35～50	265	155	
	>50～100	250	145	
Q390	≤16	350	205	415
	>16～35	335	190	
	>35～50	315	180	
	>50～100	295	170	

表 3-10　焊 缝 的 强 度 设 计 值

焊接方法和焊条型号	构件钢材		对接焊接				角焊缝
	钢号	厚度或直径/mm	抗压 f_c^W /MPa	焊缝质量为下列级别时，抗拉和抗弯 f_t^W /MPa		抗剪 f_v^W /MPa	抗拉、抗压和抗剪 f_f^W /MPa
				一级、二级	三级		
自动焊、半自动焊和 E43 型焊条的手工焊	Q235	≤16	215	215	185	125	160
		>16～40	205	205	175	120	
		>40～60	200	200	170	115	
自动焊、半自动焊和 E50 型焊条的手工焊	Q345	≤16	310	310	265	180	200
		>16～35	295	295	250	170	
		>35～50	265	265	225	155	
		>50～100	220	220	210	145	
自动焊、半自动焊和 E55 型焊条的手工焊	Q390	≤16	350	350	300	205	220
		>16～35	335	335	285	190	
		>35～50	315	315	270	180	
		>50～100	295	295	250	170	

注： 1. 自动焊接和半自动焊接所采用的焊丝和焊剂，应保证其熔敷金属抗拉强度不低于现行国家标准《埋弧焊用碳钢焊丝和焊剂》(GB/T 5293) 和《低合金钢埋弧焊用焊剂》(GB/T 12470) 中有关规定。
2. 对接焊缝在受压区的抗弯强度设计值取 f_c^W，在受拉区的抗弯强度设计值取 f_t^W。
3. 焊缝质量等级应符合现行国家标准《钢结构工程施工质量验收规范》(GB/T 50205) 的规定。其中厚度小于 8mm 钢材的对接焊缝，不应采用超声波探伤确定焊缝质量等级。

3.6.2　钢管桩的壁厚

钢管桩的管壁厚度沿桩长可以是不等的，壁厚主要由两部分组成：一是有效厚度，即

管壁在外力作用下所需要的厚度，应由桩体强度和稳定性要求确定；二是预留腐蚀厚度，即为桩体在使用年限内管壁腐蚀所需要的厚度。在使用期，钢管桩管壁的计算厚度应取有效厚度；在施工期，应保证外荷载所产生的应力不超过钢管桩自身的强度，当不满足要求时，可采用合适的施工工艺使得钢管桩管壁厚度满足施工时的强度要求。

桩的全长范围内，D/t 比值应足够小，以防止出现应力在达到桩的屈服强度前桩体发生局部屈曲。设计计算时，应考虑桩在安装和使用期内出现的不同荷载情况。《浅海钢质固定平台结构设计与建造技术规范》（SY/T 4094—2012）中指出，钢管桩的管壁厚度一般不得小于式（3-23）计算的最小厚度，即

$$t = 6.35 + \frac{D}{100} \tag{3-23}$$

式中 t——钢管桩壁厚，mm；

D——桩径，mm。

一般来讲，当钢管桩打入良好持力层，且沉桩困难时，桩外径与壁厚之比不宜大于70。

3.6.3 桩体分段的确定及构造要求

当桩长较长，运输和施工条件又有限制时，必须对桩进行分段，分段长度确定时应考虑：①起吊设备在提升、下放和插接桩段的能力；②起吊设备在被打桩段顶部放置打桩锤的能力；③桩在下放过程中，由于表层土质承载能力极低，发生直接大量下沉的可能性；④桩段起吊时的应力；⑤若需要现场接桩，则需要考虑进行现场焊接部分的壁厚和材料性质；⑥避免与计划同时打入的相邻桩的相互干扰；⑦打桩间断以进行现场接桩焊接时桩尖所在位置处的土壤类型；⑧由桩锤本身重量和作业过程产生的静应力和动应力等。

不同分段之间必须采用接桩的方式进行处理，但应注意尽量避免在水上接桩，无法避免时，接桩位置应满足下列要求：①设在内力较小处；②避免在浪花飞溅区和潮差区；③避免在桩身壁厚变化处；④避免接桩时桩端处于软弱土层上。接桩的构造可采用图3-9的形式。

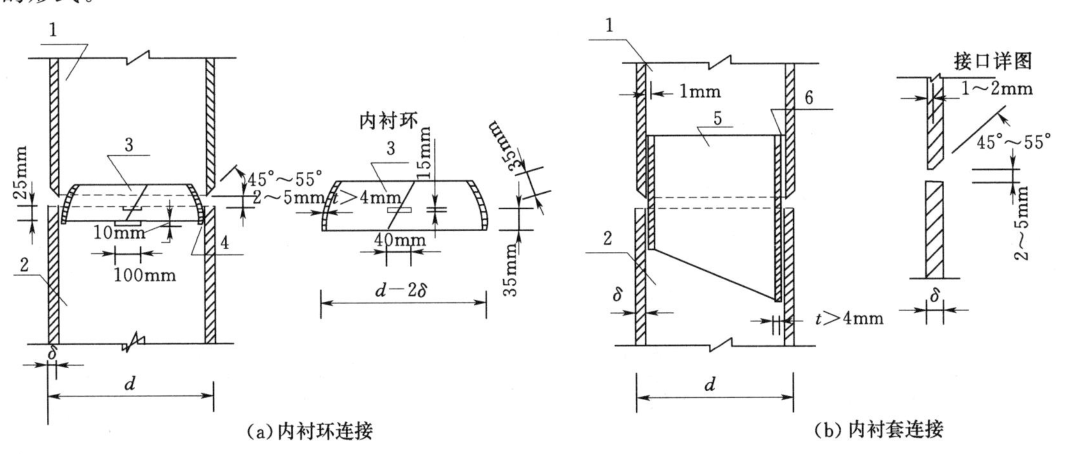

图3-9 钢管桩接桩

1—上节桩；2—下节桩；3—内衬环；4—托块；5—内衬套；6—电焊

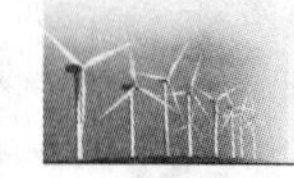

接桩处的焊缝应采用对接焊缝，不得采用搭接或侧面有覆板的焊剂形式。工厂预制时宜采用平焊；水上接桩时宜采用单边V形坡口，上节桩的坡口角度宜采用45°～55°，下节桩不宜开坡口，在钢管桩的内壁应设有内衬套或内衬环，如图3-9所示。

桩顶和桩尖有时受力较集中，必要时在一个桩径长度范围内的桩壁厚度可以加厚至最小壁厚t的1.5倍。设计桩长度时需充分考虑桩体实际入土深度的变化及海底冲刷的影响。为了考虑锤击损伤以及调整最终桩顶高程的需要，每一桩段的切除余量应为0.5～1.5m，最后一段的余量可稍大。钢管桩的桩尖可做成开口式或半封闭式，具体视打桩设备以及土质情况而定。桩体和导管之间的环形空间，净宽度不小于38mm，且宜用水泥浆填充。

3.6.4　桩体的强度和稳定性

钢管桩在使用时期和施工时期应分别进行强度计算和稳定性验算，其中强度计算还包括打桩时的打桩强度分析。

外荷载作用下的桩体应力应在钢材容许应力范围以内。根据《浅海钢质固定平台结构设计与建造技术规范》（SY/T 4094—2012）的规定，圆管构件的强度要求和计算公式可参照表3-11中的规定。

表3-11　圆管构件强度要求和计算公式　　单位：MPa

计算应力种类	受力情况	计算公式
轴向应力σ	轴向受拉或受压	$\sigma=\dfrac{N}{A}\leqslant[\sigma]$
	在一个平面内受弯	$\sigma=\dfrac{M}{W}\leqslant1.1[\sigma]$
	轴向受拉或受压，并在一个平面内受弯	$\sigma=\dfrac{N}{A}\pm0.9\dfrac{M}{W}\leqslant[\sigma]$
	在两个平面内受弯	$\sigma=\dfrac{\sqrt{M_x^2+M_y^2}}{W}\leqslant1.1[\sigma]$
	轴向受拉或受压，并在两个平面内受弯	$\sigma=\dfrac{N}{A}\pm0.9\dfrac{\sqrt{M_x^2+M_y^2}}{W}\leqslant[\sigma]$
环向应力σ	周围静水压力	$\sigma=\dfrac{pD}{2t}\leqslant\dfrac{5}{6}[\sigma]$
剪应力τ	受弯	$\tau=\dfrac{2Q}{\pi Dt}\leqslant[\tau]$
	受扭	$\tau=\dfrac{2I}{\pi D^2t}\leqslant[\tau]$
	受弯和受扭	$\tau=\dfrac{2}{\pi Dt}\left(\sqrt{Q_x^2+Q_y^2}+\dfrac{T}{D}\right)\leqslant[\tau]$
折算应力σ	轴向应力和剪应力	$\sigma=\sqrt{\sigma_x^2+3\tau^2}\leqslant[\sigma]$
	轴向应力、环向应力和剪应力	$\sigma=\sqrt{\sigma_x^2+\sigma_y^2-\sigma_x\sigma_y+3\tau^2}\leqslant[\sigma]$

注：N为计算截面的轴向力，N；M为计算截面的弯矩，N·mm；M_x、M_y分别为计算截面分别绕x轴和y轴的弯矩，N·mm；Q为计算截面的剪力，N；Q_x、Q_y分别为计算截面沿x轴和y轴的剪力，N；T为计算截面的扭矩，N·mm；p为设计静水压力，MPa；D为圆管平均直径，mm；A为圆管截面积，mm²；t为圆管壁厚，mm；W为圆管截面的抵抗矩，mm³；σ_x为计算截面最大轴向应力，MPa；σ_y为计算截面环向应力，MPa；τ为计算截面剪应力，MPa；I为计算截面惯性矩，mm⁴。

桩基础在工作过程中，应具有整体和局部稳定性。对于钢管桩而言，一般可不必进行稳定性验算，但承受横向荷载作用的桩，同时又有很大的轴向力作用时，在计算中应考虑荷载位移（$P—\Delta$）效应。可将桩模拟为非线性弹性基础上的梁柱进行内力分析，并按式（3-24）验算强度

$$\sigma=\frac{N}{A}\pm 0.9\frac{\sqrt{M_x^2+M_y^2}}{W}\leqslant[\sigma] \tag{3-24}$$

式中 $[\sigma]$——容许应力，MPa。

当 $D/t>60$ 时，应按式（3-25）验算局部稳定性

$$\sigma=\frac{N}{A}+0.9\sqrt{\frac{M_x^2+M_y^2}{W}}\leqslant K[\sigma] \tag{3-25}$$

其中

$$K=1.64-0.23\sqrt[4]{D/t}$$

式中 K——局部稳定系数。

打桩时，桩的壁厚应能适于抵抗轴向和水平荷载以及打桩期间的应力。通过选择控制土壤、桩、锤垫、替打和锤的特性参数，可运用一维弹性应力波传播原理近似预示桩的打桩应力，设置桩的壁厚。

3.6.5 钢管桩与风机塔筒的连接

对于单桩基础，单根钢管桩与风机塔筒的连接可采用连接段连接、焊接或者法兰连接。对于三角架基础和导管架基础，桩与三角架或导管架之间可采用灌浆连接。

1. 焊接

焊接时一般采用对接焊缝且应焊透。参照《港口工程桩基规范》（JTS 167—4—2012），焊接时宜采用单边形坡口，钢管桩不开坡口。由于焊缝处同时承受弯矩和剪力作用，故分别计算焊缝处的最大正应力和最大剪应力，并对同时受有较大正应力和较大剪应力处的折算应力进行计算。计算公式如下：

（1）焊缝处最大正应力

$$\sigma_{\max}=\frac{N}{A_w}\pm\frac{\sqrt{M_x^2+M_y^2}}{W_w}\leqslant f_t^w \text{ 或 } f_c^w \tag{3-26}$$

（2）焊缝处最大剪应力

$$\tau_{\max}=\frac{2}{\pi Dt}\left(\sqrt{F_x^2+F_y^2}+\frac{M_z}{D}\right)\leqslant f_v^w \tag{3-27}$$

（3）折算应力

$$\sqrt{\sigma^2+3\tau^2}\leqslant 1.1f_t^w \tag{3-28}$$

式中 σ——焊缝处受到的正应力，MPa；

τ——焊缝处受到的剪应力，MPa；

N——焊缝处受到的轴向力，MN；

F_x，F_y——焊缝处受到的 X、Y 方向的水平力，MN；

M_x，M_y——焊缝处受到的 X、Y 方向的弯矩，MN·m；

M_z——焊缝处受到的扭矩，MN·m；

A_w——对接焊缝截面的面积，m^2；

W_w——对接焊缝截面的弯曲截面系数，m^3；

D——焊缝截面外围直径，m；

t——焊缝厚度，mm；

f_t^w，f_c^w，f_v^w——对接焊缝的抗拉、抗压、抗剪强度，MPa。

2. 法兰连接

采用法兰连接时需要用到法兰、垫片和螺栓。法兰按其整体性程度，有松套法兰、整体性法兰和任意式法兰三种型式。设计时，需计算预紧和操作状态下需要的法兰力矩，并根据垫片的预紧和操作两种条件中起决定作用者计算法兰的轴向、径向和环向应力，然后对其进行校核。垫片的设计计算主要包括垫片的有效密封宽度、垫片压紧力以及垫片压紧力作用中心圆直径等。螺栓的设计主要包括预紧和操作状态下的螺栓荷载和螺栓截面面积。法兰连接的具体设计方法可参考《钢制管法兰连接强度计算方法》（GB/T 17186—1997）。

3. 灌浆连接

灌浆连接广泛应用于单桩基础、三角架基础和导管架基础中，桩与三角架或导管架腿柱之间是一个环形空间，对环形空间进行灌浆，使导管架与桩形成一个有机整体。灌浆连接段主要包括内管（钢管桩）、外管（套管）和水泥环（灌浆结石体），如图 3－10 所示。相比于焊接和法兰连接，灌浆连接形成的结构整体性能好，且可以降低风机安装误差，但施工过程中需要对灌浆质量进行严格控制。

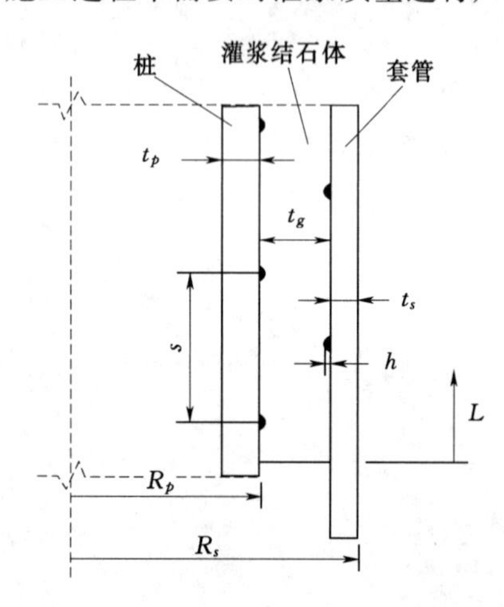

图 3－10 灌浆连接段结构示意图

可选用的灌浆材料主要有普通水泥浆、环氧胶泥及高强灌浆料。普通水泥浆价格低廉、材料易得，在海洋工程中广泛应用，但水泥浆结石体易收缩，抗压强度和粘结强度较低；环氧胶泥物理力学性能良好，连接效果可靠，但其价格相对昂贵；高强灌浆料是以水泥、高强度材料作为主要原料，辅以高流态、微膨胀、防离析等物质配制而成，性能较好，可满足三角架或导管架灌浆对材料指标的要求，价格相对适中。

影响灌浆连接段承载力的因素主要有灌浆结石体的强度和弹性模量、耐磨性、钢管和灌浆空间几何参数、是否设置剪切键、长径比、钢管表面条件、灌浆结石体胀缩性以及荷载历程。

灌浆连接段结构所受荷载主要为上部结构传来的弯矩、扭转、水平剪力、竖向轴力。不同荷载单独作用下结构响应不同，4 种荷载共同作用时结构力的传递极其复杂。为保守设计，灌浆连接段的设计中不考虑轴向荷载与弯矩的共同作用，而分开计算校核。具体是考虑轴向荷载和扭矩共同作用时，不考虑弯矩和水平剪力的作用；考虑弯矩和水平剪力共同作用时，不考虑轴向荷载和扭矩的作用。

为了增强连接段接触面的抗滑性能，通常采用接触面进行刨毛处理或者增加布设剪切键方法以提高结构承载能力。当不设剪切键时，灌浆连接方式的承载力主要包括：①钢管

和灌浆材料接触面的静摩擦力、化学胶着力；②由于钢管表面不平整产生的机械咬合力。当设置剪切键时，除上述力外还包括由剪切键产生的机械咬合力。

对于承受轴力与扭矩的灌浆连接段：

(1) 应力计算。轴力作用下，连接段的剪切应力为

$$\tau_{sa}=\frac{P}{2R_p\pi L} \tag{3-29}$$

式中 τ_{sa}——轴力引起的剪切应力，MPa；

P——荷载中的轴向力，MN；

R_p——内管的外径，m；

L——灌浆连接段长度，m。

扭矩作用下，连接段的剪切应力为

$$\tau_{st}=\frac{M_T}{2R_p^2\pi L} \tag{3-30}$$

式中 τ_{st}——扭矩作用引起的剪切应力，MPa；

M_T——计算荷载引起的扭矩，MN·m。

(2) 强度计算。由摩擦力引起的界面剪切强度为

$$\tau_{kf}=\frac{\mu E}{K}\frac{\delta}{R_p} \tag{3-31}$$

由剪切键引起的界面剪切强度为

$$\tau_{ks}=\frac{\mu E}{K}\frac{h}{21s}f_{ck}^{0.4}\sqrt{\frac{t_p}{R_p}}\frac{s}{L}N \tag{3-32}$$

$$K=\frac{R_p}{t_p}+\frac{Et_g}{E_gR_p}+\frac{R_s}{t_s} \tag{3-33}$$

式中 τ_{kf}——由摩擦力引起的界面剪切应力，MN；

τ_{ks}——剪切键引起的界面剪切应力，MN；

μ——灌浆材料与钢管壁之间的摩擦系数；

E——钢管的弹性模量，MPa；

δ——钢管表面凹凸特征，取0.07mm；

h——剪切键的高度，m；

s——剪切键间距，m；

N——剪切键的个数；

K——刚度系数；

f_{ck}——灌浆材料立方体标准抗压强度，当灌浆材料圆柱体抗压强度 f_{cck} 小于44MPa时，$f_{ck}=1.25f_{cck}$，当 f_{cck} 达到44MPa时，$f_{ck}=f_{cck}+11\text{MPa}$；

R_s——灌浆段套管外径，m；

t_g——灌浆结石体厚度，m；

t_p——灌浆段桩体壁厚，m；

t_s——套管壁厚，m；

E_g——灌浆材料的弹性模量，MPa。

式（3-29）～式（3-33）的使用范围限定如表3-12所示。

表3-12　参数取值范围

设计参数	套管 R_s/t_s	桩体 R_p/t_p	剪切键高间距比 h/s	剪切键间距 s
限定范围	[9，70]	[5，30]	(0，0.1)	$>\sqrt{R_p t_p}$

（3）验算准则。无剪切键时，轴力与扭矩联合作用下的剪切应力需满足的条件为

$$\sqrt{\tau_{sa}^2+\tau_{st}^2}\leqslant\frac{\tau_k}{\gamma_m} \tag{3-34}$$

式中　τ_k——连接段的剪切强度，MPa，τ_{kf}和τ_{kg}两者取小值；

γ_m——材料参数，取3.0。

有剪切键时，应满足如下要求：

$$\tau_{sa}\leqslant\frac{\tau_{ks}}{\gamma_m} \tag{3-35}$$

$$\tau_{st}\leqslant\frac{\tau_{kf}}{\gamma_m} \tag{3-36}$$

$$\sqrt{\tau_{sa}^2+\tau_{st}^2}\leqslant\frac{\tau_{kg}}{\gamma_m} \tag{3-37}$$

其中

$$\tau_{kg}=kf_{ck}^{0.7}(1-e^{-2L/R_p}) \tag{3-38}$$

式中　τ_{kg}——灌浆材料的剪切强度，MPa；

κ——早期循环折减系数，当$s/\sqrt{R_p t_p}<3$时$\kappa=1-3\sqrt{\Delta/R_p}$，当$s/\sqrt{R_p t_p}\geqslant 3$时$\kappa=1$；

Δ——早期循环位移，m。

对于承受弯矩与水平剪力作用的灌浆连接段，设计中需要将连接段的长径比控制在1.5左右，并且要满足

$$f_s\leqslant\frac{f_{cck}}{\gamma_m} \tag{3-39}$$

其中

$$f_s=\sigma_1-\sigma_3 \tag{3-40}$$

式中　f_s——灌浆材料中的屈雷斯卡应力，MPa；

σ_1，σ_3——计算点的大小主应力，MPa。

参考文献

[1] DNV-OS-J101 Design of offshore wind turbine structures [S]. Norway: Det Norske Veritas, 2007.

[2] API Recommended Practice 2A-WSD (21st Edition). Recommended practice for planning, designing and constructing fixed offshore platform—working stress design [S]. American Petroleum Institute, 2007.

[3] JTS 167—4—2012 港口工程桩基规范 [S]. 北京：人民交通出版社，2012.

[4] JTS 147—1—2010 港口工程地基规范 [S]. 北京：人民交通出版社，2010.

[5] JTS 167—1—2010 高桩码头设计与施工规范 [S]. 北京：人民交通出版社，2010.

[6] JTS 152—2012 水运工程钢结构设计规范 [S]. 北京：人民交通出版社，2012.

[7] JTS 151—2011 水运工程混凝土结构设计规范［S]. 北京：人民交通出版社，2011.

[8] JGJ 94—2008 建筑桩基技术规范［S]. 北京：中国建筑工业出版社，2008.

[9] TB 10002.1—2005 铁路桥涵设计基本规范［S]. 北京：中国铁道出版社，2005.

[10] SY/T 4094—2012 浅海钢质固定平台结构设计与建造技术规范［S]. 北京：石油工业出版社，2012.

[11] SY/T 10030—2000 海上固定平台规划、设计和建造的推荐作法——工作应力设计［S]. 北京：石油工业出版社，2000.

[12] SY/T 10049—2004 海上钢结构疲劳强度分析推荐作法［S]. 北京：石油工业出版社，2004.

[13] GB 50017—2003 钢结构设计规范［S]. 北京：中国计划出版社，2003.

[14] GB/T 700—2006 碳素结构钢［S]. 北京：中国标准出版社，2006.

[15] GB/T 1591—2008 低合金高强度结构钢［S]. 北京：中华人民共和国国家质量监督检验检疫总局、中国国家标准化管理委员会，2008.

[16] GB 50135—2006 高耸结构设计规范［S]. 北京：中国计划出版社，2006.

[17] GB 50010—2011 混凝土结构设计规范［S]. 北京：中国建筑工业出版社，2011.

[18] FD 003—2007 风电机组地基基础设计规定（试行）［S]. 北京：中国水利水电出版社，2007.

[19] GB 18451.1—2001 风力发电机组安全要求［S]. 北京：中华人民共和国国家质量监督检验检疫总局、中国国家标准化管理委员会，2001.

[20] CECS 88—1997 钢筋混凝土承台设计规程［S]. 北京：中国工程建设标准化协会，1996.

[21] GB/T17186—1997 钢制管法兰连接强度计算方法［S]. 北京：中国标准出版社，1997.

[22] 海上固定平台入级与建造规范（1992）［S]. 北京：中国船级社，1992.

[23] 浅海固定平台建造与检验规范（CCS 2003）［S]. 北京：中国船级社，2004.

[24] 俞振全．钢管桩的设计与施工［M]. 北京：地震出版社，1993.

[25] 杨克己，韩理安．桩基工程［M]. 北京：人民交通出版社，1992.

[26] 胡人礼．桥梁桩基础分析和设计［M]. 北京：中国铁道出版社，1987.

[27] 桩基工程手册编委会．桩基工程手册［M]. 北京：中国建筑工业出版社，1995.

[28] 吴志良，王凤武．海上风电场风机基础型式及计算方法［J]. 水运工程，2008（10）：249-258.

[29] 杨锋，邢占清，符平，曾迪．近海风机基础结构型式研究［J]. 水利水电技术，2009，40（9）：35-38.

[30] 尚景宏，罗锐，张亮．海上风电基础结构选型与施工工艺［J]. 应用科技，2009，36（9）：6-10.

[31] 黄维平，刘建军，赵战华．海上风电基础结构研究现状及发展趋势［J]. 2009，27（2）：130-135.

[32] 黄立维，邢占清，张金接．海上测风塔基础与承台灌浆连接技术［J]. 水利水电技术，2009，40（9）：85-87.

[33] 康海贵，孙道明，莫仁杰．海上风机桩基础与上部结构灌浆连接段优化分析［J]. 沈阳建筑大学学报，2013，29（1）：77-85.

[34] 黄立维，杨锋，张金接．海上风机桩基础与导管架的灌浆连接［J]. 水利水电技术，2009，40（9）：39-43.

[35] 韩理安．港口水工建筑物［M]. 北京：人民交通出版社，2008.

第4章 重力式基础

重力式基础是一种传统的基础型式，如图 4-1 所示，一般为钢筋混凝土结构，是所有的基础类型中体积最大、重量最大的基础，依靠自身的重力使海上风电机组整体结构保持稳定。在制作时，一般利用岸边的干船坞进行预制，制作好以后，再由专用船舶装运或浮运至海上指定位置安装。海床预先处理平整并铺上一层碎石作为基床，然后再将预制好的基础放于基床之上。重力式基础一般适用于水深小于 10m 的海域，其优点在于结构简单，造价低，抗风暴和风浪袭击性能好，其稳定性和可靠性是所有基础中最好的。重力式基础的缺点在于需要预先处理海床；由于其体积大、重量大，安装不方便；适用水深范围太过狭窄，随着水深的增加，其经济性不仅不能得到体现，造价反而比其他类型基础要高。为了克服混凝土重力式基础体积大、重量大、安装不方便的缺点，近几年工程技术人员提出了钢桶重力式基础，这种结构型式是在混凝土平板上放置钢桶，然后在钢桶里填置鹅卵石、碎石子等高密度物质。这种结构比混凝土重力式基础轻便很多，能够实现用同一个起重机完成基础和风机的吊装。但是这种结构需要采用阴极保护系统防止钢桶因腐蚀而过早破坏，在造价上也比混凝土重力式基础要高。

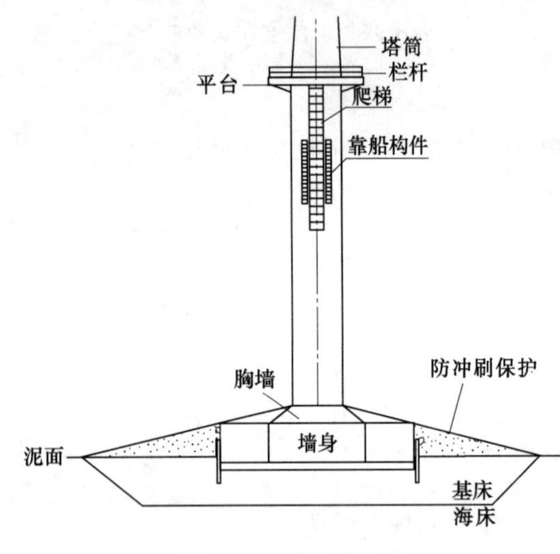

图 4-1 重力式基础

4.1 重力式基础的结构型式及特点

重力式基础一般为水下安装的预制结构，其施工工序一般包括：预制基础构件；开挖基床；抛填块石基床；基床夯实和整平；在抛石基床上安装基础预制件；基础预制件内部填充；胸墙浇筑。重力式基础根据墙身结构型式不同可分为沉箱基础、大直径圆筒基础和吸力式基础等。沉箱基础和大直径圆筒基础是常用的重力式基础型式，在港口工程中得到了广泛的应用，设计和施工技术都很完善。吸力式基础是由海上采油平台基础发展而来的新型式。

4.1.1 沉箱基础

沉箱是一种巨型的钢筋混凝土或钢质空箱，箱内用纵横隔墙隔成若干舱格。沉箱一般在专门的预制厂预制，然后用气囊或者利用滑道用台车溜放下水。当预制沉箱的数量不多时，

也可利用当地修造船厂的船坞、滑道、船台、气囊或其他合适的天然岸滩预制下水。下水后的沉箱用拖轮拖至工程现场，定位后用灌水压载法将其沉放在整平好的基床上，再用砂或块石填充沉箱内部。有条件时，沉箱也可采用吊运安装。沉箱基础水下工作量小，结构整体性好、抗震性能强，施工速度快，需要钢材多，需要专门的施工设备和合适的施工条件。

4.1.2　大直径圆筒基础

大直径圆筒基础的墙身是预制的大直径薄壁钢筋混凝土无底圆筒，圆筒内填块石、砂或土，主要靠圆筒与其中部分填料形成的重力来抵抗作用在基础上的荷载。圆筒可直接沉入地基中，也可放在抛石基床上。

大直径圆筒作为基础的型式始创于法国，最初采用从底到顶整体浇筑的圆筒，需要特殊的施工条件（如干地施工）或大型的施工设备（如大吨位起重船）。苏联从1964年开始采用大直径圆筒建造码头，并在缺少大吨位起重设备的内河中采用了由平板或弧形板装配而成的正多边形或圆形大直径钢筋混凝土圆筒。20世纪70年代初，英国、加拿大、日本逐渐采用大直径圆筒结构，近20年来我国也大量采用这种型式建造码头和防波堤。与沉箱基础相比，大直径圆筒基础结构简单，混凝土与钢材用量少，对地基的适应性强，可不作抛石基床，造价低，施工速度快。但大直径圆筒基础也还存在一些问题，例如抛石基床上的大圆筒产生的基底压力大，需要沉入地基的大直径圆筒基础施工较复杂。

4.1.3　吸力式基础

吸力式基础是一种底部敞开、上端封闭的大直径圆桶结构，一般采用钢材制作，也可使用钢筋混凝土结构，圆桶顶部设有可连接泵系统的出水孔，如图4-2所示。吸力式基础的制作过程为：在陆上制作好吸力桶以后，将吸力桶移于水中，倒扣放置，向倒扣放置的桶体内充气，将其气浮漂运到安装地点，定位后依靠自重让吸力桶嵌入土中一定深度，使桶内水体形成封闭的空间，借助设置在吸力桶顶端上的水泵向外抽水，使桶内外形成负压，当吸力桶内外的压力差超过地基土对吸力桶的侧摩阻力时，吸力桶即可不断被压入土中，直到吸力桶的顶部与海床接触。在沉贯过程中，压力可能与沉贯阻力产生平衡，此时尽管不断抽水，但吸力桶不再下沉，这时需要停止抽水恢复筒内外压力差后再行抽水。在沉贯结束之后，可以卸去抽水系统，封闭抽水口，吸力桶内外之间的压力差随之慢慢消失，桶内压力恢复到周围环境压力。在吸力桶沉入土中之后，就与土体一起抵抗各种外力作用。倒扣在土体中的吸力式基础，通过上盖提供了很高的竖向承载力，又通过侧裙提供了较高的水平承载力。因为吸力式基础顶盖与土体有较大的接触面，所以竖向力可以有效地传入地基中，产生较大的竖向承载力，在这一点上吸力式基础要优于普通桩基础。而吸力式基础的侧裙与土体接触面积大，可将水平力均匀传递给周围土

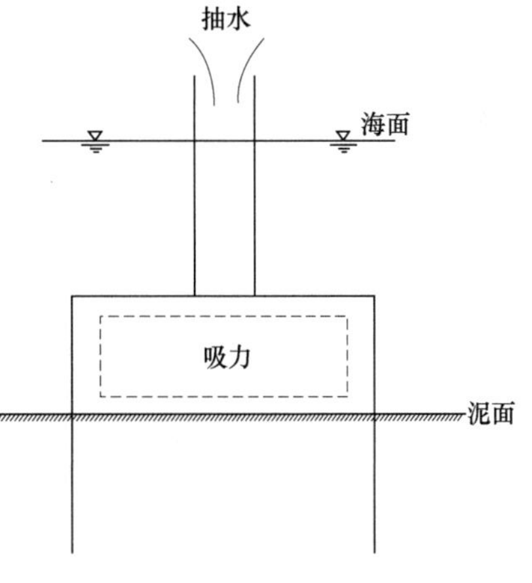

图4-2　吸力式基础原理图

体，从而能承受较大的水平力作用。吸力式基础具有施工简便，机动灵活，使用安全可靠，可实现回收重复利用等特点，对于深、浅海域都适用，地质条件最好为砂性土或软黏土。

吸力式基础由海上采油平台基础发展而来，1994年在北海水深为70m的海域，安装完成了采用吸力式基础的Eurpoipe16/Ⅱ-E大型固定式海洋平台，它的建成标志着这一技术进入了工业化实用阶段。1999年10月，我国首座采用吸力式基础的采油平台在胜利油田CB20B井位安装成功，该平台设计工作水深8.9m，圆桶直径和高度分别为4m和4.4m，这标志我国吸力式基础海洋平台进入实用阶段。

4.2 重力式基础的一般构造

4.2.1 基床

重力式基础根据地基情况、施工条件和结构型式采用不同的地基处理方式（吸力式基础无需对地基进行处理)。对于岩石地基上的预制安装结构，为使沉箱等预制构件安装平稳，应以二片石（粒径8～15cm的小块石）和碎石整平岩面，其厚度不小于0.3m；当岩面较低时，也可采用抛石基床。对于非岩石地基，应设置抛石基床。

抛石基床设计包括：选择基床型式；确定基床厚度及肩宽；确定基槽的底宽及边坡坡度；规定块石的重量和质量要求；确定基床顶面的预留沉降量等。

1. 基床型式

抛石基床的型式有暗基床、明基床和混合基床三种（图4-3)。当工程区域水流流速较大时应避免采用明基床，或在基床上设置防护措施。混合基床适用于地基较差的情况，此时需将地基表层的软土全部挖除填以块石，软土层很厚时可部分挖除换砂。

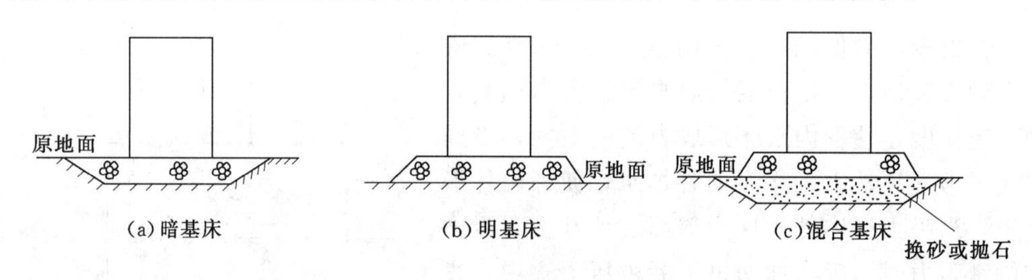

图4-3 抛石基床型式

2. 基床厚度

当基床顶面应力大于地基容许承载力时，抛石基床起扩散应力的作用，基床厚度由计算确定，并且不宜小于1m。当基床顶面应力不大于地基容许承载力时，基床只起整平基面和防止地基被淘刷的作用，但其厚度也不宜小于0.5m。

3. 基槽底宽及边坡坡度

基槽底宽决定于对地基应力扩散范围的要求，不宜小于基础底面宽度加两倍的基床厚度，基槽底边线超出基础边缘不少于1倍的基床厚度。基槽边坡坡度应确保边坡在施工过程中的稳定，一般根据地基土性质由经验确定。

4. 基床肩宽

为保证基床的稳定性，基床肩部应有一定的宽度。对于夯实基床，基床肩宽不宜小于2m；当采用水下爆夯法密实时，应适当增加肩宽宽度；对于不夯实基床，肩宽不应小于1m。当风电场所在海域的底流速较大，地基土有被冲刷危险时，应适当加大基床肩宽，放缓边坡，增大埋置深度或采用其他护底措施。

5. 基床夯实

为使抛石基床紧密，减少海上风电机组整体结构在施工和使用时的沉降，水下施工的抛石基床一般应进行重锤夯实。重锤夯实的作用为：①破坏块石棱角，使块石互相挤紧；②使与地基接触的一层块石嵌进地基土内，提高基床的抗滑稳定性。当地基为松散砂基或采用换砂处理时，对于夯实的抛石基床底层应设置约0.3m厚的二片石垫层，以防基床块石在打夯振动时陷入砂层内。近几年，工程中也开始使用爆炸夯实法，通过将埋在抛石基床内的炸药引爆，产生震动波使基床的块石密实。

6. 块石重量和质量要求

基床块石的重量既要满足在波浪水流作用下的稳定性，又要考虑便于开采、运输和施工，一般采用10～100kg的混合石料，原则上块石越大越好，但是对于厚度不大于1m的薄基床，可采用较小的块石。

石料质量应保证遇水不软化、不破裂、不被夯碎。具体要求为：①在水中饱和状态下的抗压强度，对于夯实基床不低于50MPa，对于不夯实基床不低于80MPa；②块石未风化，不成片状，无严重裂纹。

7. 基床预留沉降量

在基床、上部结构和设备的施工及安装过程中，随着竖向荷载的不断增大，基床及下部地基被压缩变形，导致整体结构发生沉降。为了保证建筑物在允许沉降范围内正常工作，基床顶面应预留沉降量。

对于夯实基床，设计时只按地基沉降量预留。对于不夯实基床，还需预留基床压缩沉降量。基床压缩沉降量的估算公式为

$$D = \alpha_k \sigma d \tag{4-1}$$

式中 α_k——抛石基床的压缩系数，一般采用0.0005，m^2/kN；

d——基床厚度，m；

σ——建筑物使用期最大平均基底应力，kN/m^2。

4.2.2 墙身和胸墙

墙身和胸墙是重力式基础最重要的主体结构，其作用是：将塔筒与基础连成整体；承受作用在基础上的各种荷载，将这些荷载传到下面的地基中去。此外，胸墙还被用来固定防冲设施、系船设施，以及扶梯、栏杆等安全设施。在进行墙身和胸墙的构造设计时，需注意如下几方面问题。

1. 胸墙

对于钢筋混凝土重力式基础，胸墙一般采用现浇混凝土，与墙身一同浇筑形成牢固整体。对于钢制重力式基础，用作胸墙的钢板也是与墙身一同制作，这样制作胸墙的优点是结构牢固，

整体性好。为了保证胸墙有良好的整体性和足够的刚度，胸墙高度原则上越高越好。

2. 增强结构耐久性的措施

实践表明，处于水位变动区[1]的胸墙与墙身，由于强烈的干湿交替、冻融、水流冲击、船舶撞击等作用，容易损坏。为了提高重力式基础的耐久性，设计时应采取适当措施。

(1) 根据结构设计要求，同时参考《水运工程混凝土结构设计规范》（JTS 151—2011）规定的耐久性要求选定混凝土强度等级。对于耐久性无特殊要求的基础，胸墙的混凝土强度等级不应低于C20，钢筋混凝土沉箱、大直径圆筒等构件的混凝土强度等级不应低于C25。

(2) 适当增大钢筋混凝土构件厚度和钢筋的混凝土保护层，保护层厚度不得低于表4-1所列的标准。

(3) 对于受冰冻作用的基础，水位变动区还可考虑采用钢筋混凝土板镶面、花岗岩镶面或抗蚀性强、抗磨性高、抗冻性好的新材料。

(4) 对于钢质基础，在设计时要采用可靠的防腐蚀措施，并预留足够的腐蚀厚度。

此外，在设计中还要注意避免结构断面过于复杂、构件凹角处的构造措施不利、伸缩基础或平台表面排水不畅等情况。

表4-1 混凝土保护层最小厚度 单位：mm

构件所在部位		大气区	浪溅区		水位变动区	水下区
			一般构件	板、桩等细薄构件		
钢筋混凝土	北方	50	50	50	50	30
	南方	50	65	50	50	30
预应力混凝土		75	90	50	75	75

注：构件所在部位的划分见6.1.3节。

4.3 重力式基础的基本计算

4.3.1 设计状况和计算内容

重力式基础的设计应考虑四种设计状况：①持久状况，在结构使用期按承载能力极限状态和正常使用极限状态设计；②短暂状况，施工期或使用初期可能临时承受某种特殊荷载时按承载能力极限状态设计，必要时也需按正常使用极限状态设计；③地震状况，在使用期遭受地震作用时仅按承载能力极限状态设计；④偶然状况，在使用期遭受偶然荷载时仅需按承载能力极限状态设计。

为保证重力式基础的正常工作，应根据实际工作情况按不同的极限状态和效应组合计算或验算（表4-2）。

[1] 水位变动区的划分见6.1.3节。

表 4-2 重力式基础的计算或验算内容

序号	计算和验算内容	采用的极限状态	采用的效应组合
1	基础的抗倾稳定性	承载能力极限状态	持久组合
2	沿基础底面和基床底面的抗滑稳定性	承载能力极限状态	持久组合
3	基床和地基承载力	承载能力极限状态	持久组合
4	整体稳定性	承载能力极限状态	持久组合
5	基础底面合力作用点位置	承载能力极限状态	持久组合
6	构件的承载力	承载能力极限状态	持久组合
7	基础施工期稳定性和构件承载力	承载能力极限状态	短暂效应组合
8	构件裂缝宽度	正常使用极限状态	长期效应（准永久）组合
9	地基沉降	正常使用极限状态	长期效应（准永久）组合

4.3.2 地基承载力计算

对于海上风电机组基础而言，由于基础型式与陆上风电机组基础有较大差异，所以两者对地基基础的要求也有较大不同，但不论采用何种基础型式，基础的埋置深度都应满足地基承载力、变形和稳定性要求。

参考《风电机组地基基础设计规定（试行）》（FD 003—2007），结合海洋环境特点，海上风电机组基础至少应满足以下要求。

（1）由于风电机组具有承受360°方向重复荷载和大偏心受力的特殊性，对基础的稳定性要求高，重力式基础应按大块体结构设计。各计算工况下基底允许脱开面积应满足表4-3的要求，如果不满足要求则应采取加大基础底面积或增加基础自重等措施。

表 4-3 基底允许脱开面积指标

计 算 工 况	基底脱开面积 A_T/基底面积 A
正常运行荷载工况 多遇地震工况	不允许脱开
极端荷载工况	25%

（2）对地震基本烈度为Ⅶ度及以上地区，应根据地基土振动液化的判别成果，通过技术经济比较采取稳定基础的对策和处理措施。

地基承载力是指地基承受荷载的能力。在保证地基稳定的条件下，使建筑物的沉降量不超过允许值的地基承载力称为地基承载力特征值，一般用 f_a 表示。地基承载力特征值可由理论公式、加载试验或其他原位试验，并结合实践经验等方法综合确定。

对于重力式基础，当基础宽度大于3m或埋置深度大于0.5m时，由加载试验或其他原位试验测试、经验值等方法确定的地基承载力特征值修正公式为

$$f_a = f_{ak} + \eta_b \gamma (b_s - 3) + \eta_d \gamma_m (h_m - 0.5) \tag{4-2}$$

式中 f_a——修正后的地基承载力特征值，kPa；

f_{ak} ——地基承载力特征值，kPa；

η_b, η_d ——基础宽度和埋深的地基承载力修正系数，根据基底下土的类别查表4-4；

γ ——基础底面以下土的有效重度，kN/m^3；

b_s ——基础底面宽度（力矩作用方向），当基底宽度大于6m时按6m取值，m；

γ_m ——基础底面以上土的加权平均重度（有效重度），kN/m^3；

h_m ——基础埋置深度，m。

表4-4　承载力修正系数表

土的类型		η_b	η_d
淤泥和淤泥质土		0	1.0
人工填土、e或I_L不小于0.85的黏性土		0	1.0
红黏土	含水比$a_w>0.8$	0	1.2
	含水比$a_w\leqslant 0.8$	0.15	1.4
大面积压实填土	最大干密度大于$21kN/m^3$的级配砂土	0	2.0
粉土	黏粒含量$\rho_c\geqslant 10\%$的粉土	0.3	1.5
	黏粒含量$\rho_c<10\%$的粉土	0.5	2.0
e或I_L均小于0.85的黏性土		0.3	1.6
中砂、粗砂、砾砂和碎石土		3.0	4.4

注：1. 全风化岩石可参照所风化成的相应土类取值，其他状态下的岩石不修正。
2. 地基承载力特征值按深层平板载荷试验确定时η_d取0。

对于岩石地基的承载力，其承载力特征值可根据岩石饱和单轴抗压强度、岩体结构和裂隙发育程度，按表4-5做相应的折减后确定；对于极软岩可通过三轴压缩试验或现场加载试验确定其承载力特征值。岩石地基承载力无需进行深宽修正。

表4-5　地基岩体承载力特征值 f_{ak}

岩石单轴饱和抗压强度R_b	岩体承载力特征值f_{ak}/MPa			
	岩体完整，节理间距大于1m	岩体较完整，节理间距为1.0～0.3m	岩体完整性较差，节理间距为0.3～0.1m	岩体破碎，节理间距小于0.1m
坚硬岩、中硬岩（$R_b>30$）	（1/17～1/20）R_b	（1/11～1/16）R_b	（1/8～1/10）R_b	（1/7）R_b
较软岩、软岩（$R_b<30$）	（1/11～1/16）R_b	（1/8～1/10）R_b	（1/6～1/7）R_b	（1/5）R_b

当采用理论公式计算地基承载力时，由于水平荷载的作用，使得地基受力不均匀，降低了地基承受竖向荷载的能力，这种影响在地基承载力的分析时应予以考虑。图4-4是理想化的海上风电机组基础受力示意图，图中H和V分别表示水平荷载和竖向荷载，LC表示水平荷载和竖向荷载在基础底面的合力作用点位置，偏心距e的计算公式为

$$e=\frac{M_d}{V_d} \tag{4-3}$$

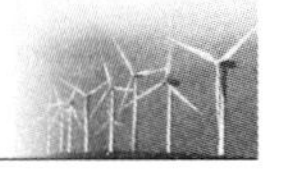

式中 M_d——经转换计算后作用在基础底面的弯矩特征值，kN·m；

V_d——竖向荷载特征值，kPa。

目前，理论公式法计算地基承载力是根据经验减小基础的有效面积以实现倾斜荷载对地基承载力的影响。并且，荷载偏心距的大小还会影响到地基的破坏模式，一般有如图4-4所示两种破坏模式，地基破坏模式不同，地基承载力的计算方法也不同。

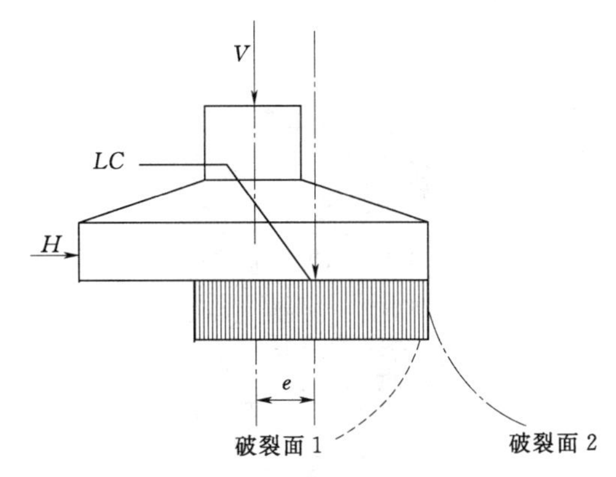

图 4-4　理想化的风机基础受力示意图

如图 4-5（a）所示，对于宽度为 b 的方形，当荷载沿基础某一轴线方向倾斜时，基础有效面积减小后的尺寸为

$$b_{eff} = b - 2e \tag{4-4}$$

$$l_{eff} = b \tag{4-5}$$

式中 b_{eff}，l_{eff}——有效面积减小后的基础尺寸，m。

如图 4-5（b）所示，当荷载不沿基础任一轴线方向倾斜时，基础有效面积减小后的尺寸为

$$b_{eff} = b - \sqrt{2}e \tag{4-6}$$

$$l_{eff} = b - \sqrt{2}e \tag{4-7}$$

得到减小后的基础尺寸后，基础的有效面积 A_{eff} 即为

$$A_{eff} = l_{eff} b_{eff} \tag{4-8}$$

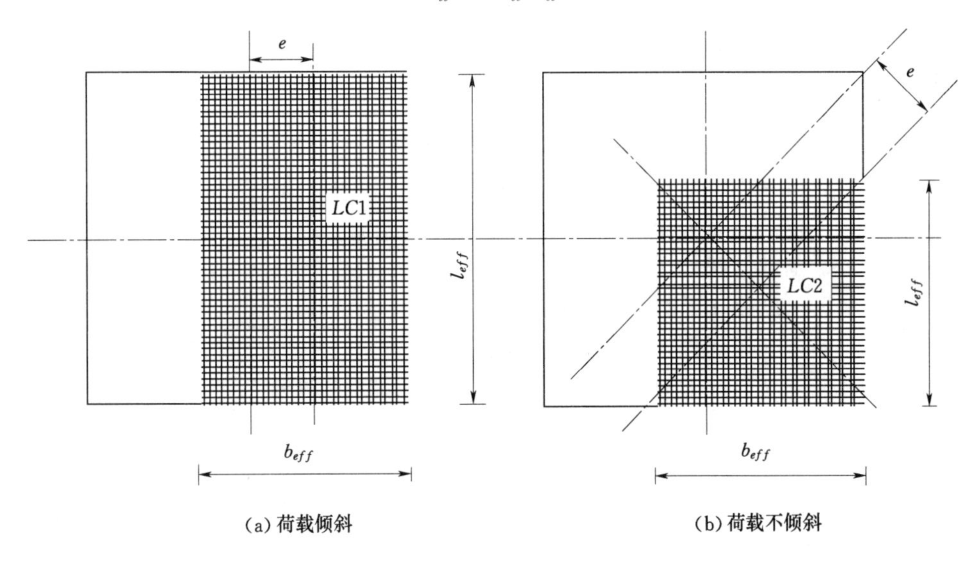

图 4-5　矩形基础有效面积确定方法示意图

对于直径为 R 的圆形基础，倾斜荷载作用下形成的有效面积为如图 4-6 所示的椭圆面积，其大小为

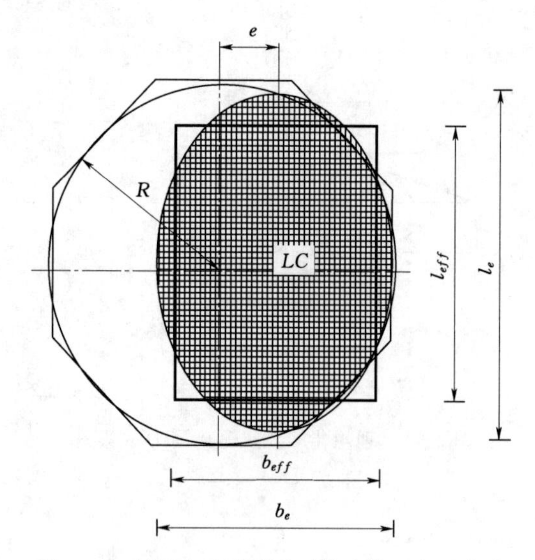

图 4-6 圆形和八边形基础的有效面积示意图

$$A_{eff} = 2\left[R^2 \arccos\left(\frac{e}{R}\right) - e\sqrt{R^2 - e^2}\right] \tag{4-9}$$

椭圆的主轴大小分别为

$$b_e = 2(R - e) \tag{4-10}$$

$$l_e = 2R\sqrt{1 - \left(1 - \frac{b_e}{2R}\right)^2} \tag{4-11}$$

另外，基础的有效面积可被等效为一矩形。矩形的长短边长分别为

$$l_{eff} = \sqrt{A_{eff}\frac{l_e}{b_e}} \tag{4-12}$$

$$b_{eff} = \frac{l_{eff}}{l_e}b_e \tag{4-13}$$

对于形如正多边形（包括八边形或更多）的基础，可画正多边形的内接圆，依然可以应用上述公式计算倾斜荷载作用下的基础有效面积。

得到倾斜荷载作用下基础的有效面积后，下一步即可计算地基承载力。在完全排水条件下，若地基的破坏模式与图 4-4 中所示的模式 1 相同，则基础底面为水平的重力式基础其承载力的计算公式为

$$f_a = \frac{1}{2}\gamma' b_{eff} N_\gamma s_\gamma d_\gamma i_\gamma + p'_0 N_q s_q d_q i_q + c_d N_c s_c d_c i_c \tag{4-14}$$

在不排水条件下，即 $\varphi = 0$，则计算地基承载力的公式为

$$f_a = c_{ud} N_c^0 s_c^0 d_c^0 i_c^0 + p_0 \tag{4-15}$$

式中 f_a——地基承载力特征值，kPa；

γ'——基础底面以下地基土的有效重度，kN/m^3；

p'_0——基础底面以上两侧的有效荷重，kPa；

c_d——地基土的黏聚力特征值，kPa；

N_γ，N_q，N_c——地基承载力系数，无量纲；

s_γ，s_q，s_c——基础形状修正系数，无量纲；

d_γ，d_q，d_c——深度修正系数，无量纲；

i_γ，i_q，i_c——荷载倾斜修正系数，无量纲。

地基土的不排水强度特征值 c_{ud} 和内摩擦角特征值 φ_d 的计算公式为

$$c_{ud} = \frac{c}{\gamma_c} \tag{4-16}$$

$$\varphi_d = \arctan\left(\frac{\tan\varphi}{\gamma_\varphi}\right) \tag{4-17}$$

式中 γ_c，γ_φ——地基土的材料系数。

当承载力公式应用于地基土排水工况时，式（4-14）中的系数计算如下：

$$N_q = e^{\pi\tan\varphi_d}\frac{1 + \sin\varphi_d}{1 - \sin\varphi_d} \tag{4-18}$$

$$N_c = (N_q - 1)\cot\varphi_d \tag{4-19}$$

$$N_\gamma = \frac{3}{2}(N_q - 1)\tan\varphi_d \tag{4-20}$$

当利用地基承载力计算公式反算基础底面反力，并应用地基反力设计基础时，地基承载力系数 N_γ 的计算公式为

$$N_\gamma = 2(N_q + 1)\tan\varphi_d \tag{4-21}$$

$$s_\gamma = 1 - 0.4\frac{b_{eff}}{l_{eff}} \tag{4-22}$$

$$s_q = s_c = 1 + 0.2\frac{b_{eff}}{l_{eff}} \tag{4-23}$$

$$d_\gamma = 1.0 \tag{4-24}$$

$$d_q = 1 + 2\frac{d}{b_{eff}}\tan\varphi_d(1 - \sin\varphi_d)^2 \tag{4-25}$$

$$d_c = d_q - \frac{1 - d_q}{N_c\tan\varphi} \tag{4-26}$$

$$i_q = i_c = \left(1 - \frac{H_d}{V_d + A_{eff}c_d\cot\varphi_d}\right)^2 \tag{4-27}$$

$$i_\gamma = i_q^2 \tag{4-28}$$

当承载力公式应用于地基土不排水工况时，$\varphi = 0$，则有

$$N_c^0 = \pi + 2 \tag{4-29}$$

$$s_c^0 = s_c \tag{4-30}$$

$$i_c^0 = 0.5 + 0.5\sqrt{1 - \frac{H}{A_{eff}c_{ud}}} \tag{4-31}$$

当荷载偏心距超过 0.3 倍的基础边长时，地基一般会发生如图 4-4 中破坏模式 2 的破坏，此时地基承载力的计算公式为

$$f_a = \gamma' b_{eff}N_\gamma s_\gamma i_\gamma + c_d N_c s_c i_c(1.05 + \tan^3\varphi) \tag{4-32}$$

$$i_q = i_c = 1 + \frac{H}{V + A_{eff}c\cot\varphi} \tag{4-33}$$

$$i_\gamma = i_q^2 \tag{4-34}$$

$$i_c^0 = \sqrt{0.5 + 0.5\sqrt{1 + \frac{H}{A_{eff}c_{ud}}}} \tag{4-35}$$

应用式（4-32）计算得到地基承载力后，还需与破坏模式 1 情况下计算得到的地基承载力作比较，最后取其小值。

由于水平荷载的存在，重力式基础有可能沿着基础底面发生滑动。重力式基础的水平抗滑承载力根据地基土的排水情况确定。

在地基土排水情况下

$$f_{ah} = A_{eff}c + V\tan\varphi \tag{4-36}$$

在不排水情况下，由于地基土的内摩擦角 $\varphi = 0$，所以公式简化为

$$f_{ah} = A_{eff}c_{ud} \tag{4-37}$$

式中 f_{ah}—— 基础的水平承载力，kN。

4.3.3 基础稳定性验算

水平荷载是海上风电场风电机组基础承受的主要荷载之一。在水平荷载和竖向荷载的共同作用下，重力式基础可能的破坏模式有：与深层土一起发生整体滑动破坏，沿着基底面发生滑动、倾覆。因此，应对基础进行抗滑和抗倾覆稳定计算。若是与深层土一起整体滑动发生破坏，通常采用圆弧滑动面法进行验算。

1. 抗滑稳定性验算

沿基础底面和基床底面的抗滑稳定验算一般按平面问题取单宽计算。

(1) 不考虑波浪作用，考虑冰荷载

$$\gamma_0\psi(\gamma_I F_I+\gamma_c F_c+\gamma_f F_{fH})\leqslant\frac{1}{\gamma_d}(\gamma_G G+\gamma_f F_{fV})f \tag{4-38}$$

(2) 考虑波浪力，不考虑冰荷载

$$\gamma_0\psi(\gamma_P P_B+\gamma_c F_c+\gamma_f F_{fH})\leqslant\frac{1}{\gamma_d}(\gamma_G G+\gamma_f F_{fV}-\gamma_U P_U)f \tag{4-39}$$

式中 G——作用在计算面以上的结构自重力标准值，kN；

F_I——冰荷载的标准值，kN；

F_c——水流荷载的标准值，kN；

F_{fH}——水平向荷载的标准值，kN；

F_{fV}——竖向荷载的标准值，kN；

P_B——波峰作用时水平波压力的标准值，kN；

P_U——波峰作用时作用在计算面上波浪浮托力的标准值，kN；

ψ——组合系数，主导可变作用时，$\psi=1$，非主导可变作用时，$\psi=0.7$；

γ_G——结构自重力的分项系数；

γ_0——结构重要性系数；

γ_I，γ_c，γ_f，γ_P，γ_U——冰荷载、水流荷载、风荷载、波浪水平力和波浪浮托力的分项系数，具体参见表2-3；

γ_d——结构系数，无波浪作用取1.0，有波浪作用取1.1；

f——沿计算面的摩擦系数设计值，无实测资料时其取值见表4-6。

表4-6 摩擦系数设计值

材料		摩擦系数
混凝土与混凝土		0.55
混凝土墙身底部与抛石基床		0.6
抛石基床与地基土	地基为细砂～粗砂	0.50～0.60
	地基为粉砂	0.40
	地基为砂质粉土	0.35～0.50
	地基为黏土、粉质黏土	0.30～0.45

2. 抗倾稳定性验算

对基础底面外趾的抗倾稳定验算仍按平面问题取单宽计算。

（1）不考虑波浪作用，考虑冰荷载

$$\gamma_0\psi(\gamma_I M_I+\gamma_c M_c+\gamma_f M_{fH})\leqslant\frac{1}{\gamma_d}(\gamma_G M_G+\gamma_f M_{fV}) \tag{4-40}$$

（2）考虑波浪力，不考虑冰荷载

$$\gamma_0\psi(\gamma_P M_P+\gamma_c M_c+\gamma_f M_{fH}+\gamma_U M_U)\leqslant\frac{1}{\gamma_d}(\gamma_G M_G+\gamma_f M_{fV}) \tag{4-41}$$

式中　M_G——结构自重力标准值对外趾的稳定力矩，kN·m；

M_I——冰荷载标准值对外趾的倾覆力矩，kN·m；

M_c——水流荷载标准值对外趾的倾覆力矩，kN·m；

M_P——波峰作用时水平波压力的标准值对外趾的倾覆力矩，kN·m；

M_U——波峰作用时波浪浮托力的标准值对外趾的倾覆力矩，kN·m；

M_{fH}——水平向荷载标准值对外趾的倾覆力矩，kN·m；

M_{fV}——竖向荷载标准值对外趾的稳定力矩，kN·m；

ψ——组合系数，主导可变作用时，$\psi=1$，非主导可变作用时，$\psi=0.7$；

γ_d——结构系数，无波浪时取1.25。

3. 基床承载力验算

基床承载力的验算公式为

$$\gamma_0\gamma_\sigma\sigma_{\max}\leqslant\sigma_\gamma \tag{4-42}$$

式中　γ_0——结构重要性系数；

γ_σ——基床顶面最大应力分项系数，可取1.0；

σ_γ——基床承载力设计值，kPa；

$\sigma_{\max}$——基床顶面最大应力标准值，kPa。

基床承载力设计值一般取600kPa。对于受波浪作用的墩式建筑物或地基承载能力较强（如地基为岩基）时，可酌情适当提高取值，但不应大于800kPa。重力式基础的刚度一般很大，基床顶面应力可按直线分布，按偏心受压公式计算。以矩形基础底面为例（图4-7），其计算公式为

$$\sigma_{\min}^{\max}=\frac{V_k}{b}\left(1\pm\frac{6e}{b}\right) \tag{4-43}$$

其中

$$e=\frac{b}{2}-\xi \qquad \xi=\frac{M_R-M_0}{V_k}$$

式中　$\sigma_{\max}$，$\sigma_{\min}$——基床顶面的最大和最小应力标准值，kPa；

b——基础底宽，m；

V_k——作用在基床顶面的竖向合力标准值，kN·m；

e——基础底面合力标准值作用点的偏心距，m；

ξ——合力作用点与基础前趾的距离，m；

M_R，M_0——竖向合力标准值和倾覆力标准值对基础前趾的稳定力矩和倾覆力矩，kN·m。

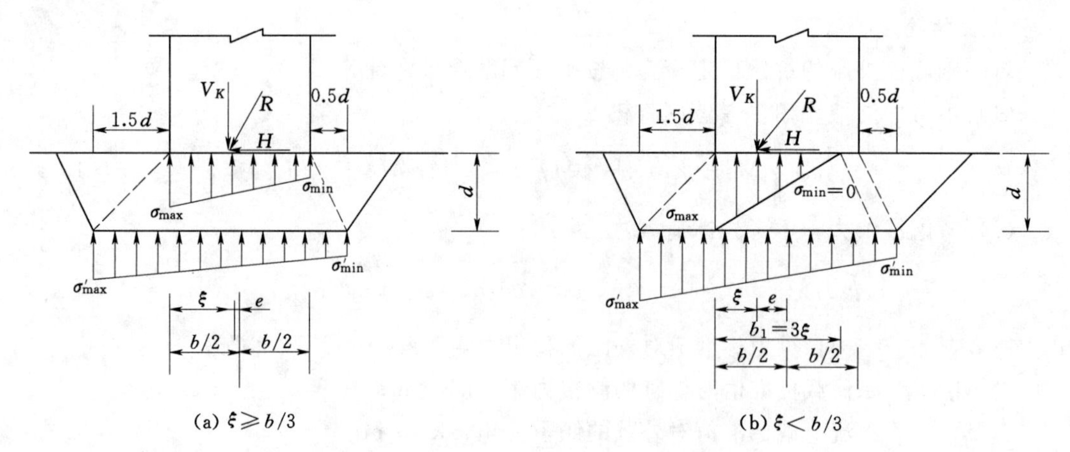

图4-7 基底应力和地基应力计算图式

当$\xi<b/3$时，σ_{min}将出现负值，即产生拉应力。但基础底面和基床顶面之间不可能承受拉应力，基底应力将重分布。根据基底应力的合力和作用在建筑物上的垂直合力相平衡的条件，得

$$\sigma_{max}=\frac{2V_k}{3\xi} \qquad (4-44)$$

$$\sigma_{min}=0$$

为了使基础不致产生过大的不均匀沉降，一般要求ξ不小于$b/4$。对于岩石地基则不受限制，因为岩基基本上是不可压缩的。

4. 地基承载力验算

基床顶面应力通过基床向下扩散，扩散宽度为b_1+2d，并按直线分布。基床底面最大、最小应力标准值和合力作用点的偏心距（图4-7）计算公式为

$$\sigma'_{max}=\frac{b_1\sigma_{max}}{b_1+2d}+\gamma d$$

$$\sigma'_{min}=\frac{b_1\sigma_{min}}{b_1+2d}+\gamma d$$

$$e'=\frac{b_1+2d}{6}\times\frac{\sigma'_{max}-\sigma'_{min}}{\sigma'_{max}+\sigma'_{min}} \qquad (4-45)$$

式中 σ'_{max}，σ'_{min}——基床底面最大和最小应力标准值，kPa；

γ——块石的水下重度标准值，kN/m^3；

d——抛石基床厚度，m；

b_1——基础底面的实际受压宽度，当$\xi\geqslant b/3$时，$b_1=b$；当$\xi<b/3$时，$b_1=3\xi$；

e'——抛石基床底面合力作用点的偏心距，m。

地基承载力能否满足要求可参考《港口工程地基规范》（JTS 147—1—2010）的规定进行验算。

4.3.4 地基沉降计算

对于重力式基础，参照《海上固定平台规划、设计和建造的推荐做法及工作应力设计

法》（SY/T 10030—2004），采用单向压缩分层总和法计算地基的最终沉降量，其最终沉降量的计算公式为

$$s = \sum_{1}^{n} \frac{h_i C_{ci}}{1 + e_{0i}} \lg \frac{q_{0i} + \Delta q_i}{q_{0i}} \tag{4-46}$$

式中　s——最终沉降量，m；

n——分层数；

h_i——压缩层厚度，m；

e_{0i}——地基土的初始孔隙比；

C_{ci}——计算土层的压缩指数；

q_{0i}——计算土层的竖向初始有效应力，kPa；

Δq_i——计算土层的竖向附加有效应力，kPa。

4.4　沉　箱　基　础

4.4.1　沉箱基础的结构型式

沉箱按平面型式分为矩形和圆形两种，但在海上风电场工程中，为了减小波浪和水流的作用，通常都采用圆形沉箱。圆形沉箱受力情况较好，用钢量少；箱内也可不设内隔壁，既节省混凝土又大大减轻沉箱的重量；箱壁对水流的阻力小，特别适用于水流流速大、冰凌严重或波浪大的地区，其缺点是模板比较复杂。

4.4.2　沉箱基础的构造

沉箱的外形尺寸包括直径和高度。沉箱的直径由建筑物的稳定性和地基承载力确定，有时还需满足浮运时的吃水、干舷高度和浮游稳定性的要求。当不满足浮游时的有关要求时，一般先考虑在施工上采取措施，必要时才增大沉箱的直径。为减小沉箱的箱体尺寸，可在沉箱底部加设趾板，以增大沉箱基础的抗滑与抗倾稳定性，改善沉箱底部的应力分布情况。沉箱的高度由风电机组所在位置的水深决定。

沉箱外壁和底板的厚度应由强度计算确定，但壁厚不宜小于250mm；对有抗冻要求的沉箱基础，沉箱在水位变动区部分的厚度不宜小于300mm。底板厚度不宜小于壁厚，趾板的长度不宜过大。沉箱在构造配筋时，架立和分布钢筋直径可采用10～16mm。加强角应设置构造斜筋，其直径不宜小于10mm。沉箱内的填料宜采用砂和块石。

4.4.3　沉箱基础的计算

对沉箱的计算除进行重力式基础的基本计算外，还包括沉箱的干舷高度、浮游稳定性、构件的承载力和裂缝宽度等。

4.4.3.1　沉箱干舷高度的验算

为了保证沉箱在溜放或漂浮、拖运时水不没顶，沉箱应有足够的干舷高度（图4-8），满足式（4-47）的规定：

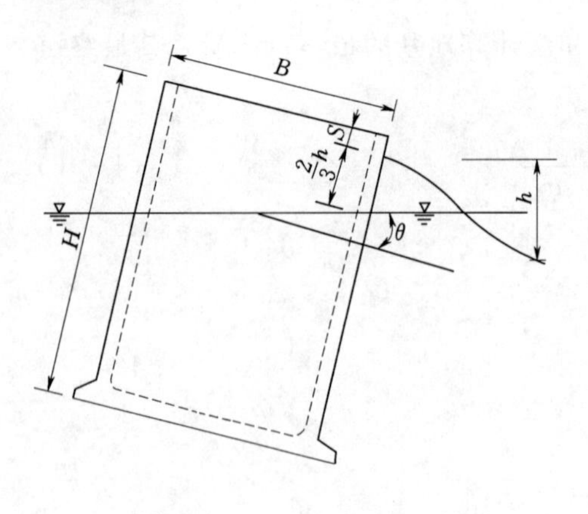

图4-8　沉箱浮游稳定性和干舷高度的计算图式

$$F=H-T\geqslant\frac{B}{2}\tan\theta+\frac{2h}{3}+S \quad (4-47)$$

式中　F——沉箱的干舷高度，m；

H——沉箱的高度，m；

T——沉箱的吃水，m；

B——沉箱在水面处的宽度，m；

h——波高，m；

θ——沉箱的倾角，溜放时采用滑道末端的坡角；浮运时采用6°～8°；

S——沉箱干舷的富裕高度，采用0.5～1.0m。

4.4.3.2　沉箱浮游稳定性的验算

沉箱靠自身浮游稳定时，必须计算其以定倾高度表示的浮游稳定性。定倾高度的计算公式为

$$m=\rho-a \quad (4-48)$$

式中　m——定倾高度，m，应符合表4-7的规定；

ρ——定倾半径，m；

a——沉箱重心到浮心的距离，m。

计算定倾高度时，钢筋混凝土和水的重度应根据实测资料确定；如无实测资料，钢筋混凝土重度宜取24.5kN/m^3（计算沉箱吃水时，宜采用25kN/m^3）；水重度宜采用10.25kN/m^3（海水）。

定倾高度大，浮游稳定性好，但势必增大沉箱吃水，需加大拖轮的功率和航道水深，并不经济，设计时也需注意。

表4-7　保证沉箱浮游稳定性的定倾高度

近程浮运	远程浮运	
	以块石和砂等固定物压载	以液体压载
$m\geqslant0.2$m	$m\geqslant0.4$m	$m\geqslant0.5$m

注：整个浮运时间内有夜间航行或运程大于、等于30n mile时为远程浮运；在同一港区内浮运或运程在30n mile以内时为近程浮运。

4.4.3.3　沉箱外壁的计算

1. 计算荷载

计算沉箱外壁时一般需考虑以下外力：

(1) 沉箱吊运下水时可能承受的外力。

(2) 沉箱溜放或漂浮时的水压力。分两种情况考虑：当沉箱用绞车在滑道上下水或在船坞内漂浮时，只考虑静水压力［图4-9（a）］；当密封舱顶的沉箱在滑道上自动溜放时，一般假定水面与箱顶齐平，此时除考虑静水压力外，尚应考虑动水压力$P_0=0.84v^2$（v为沉箱下滑速度，其值不宜大于5m/s）［图4-9（b）］。

(3) 沉箱浮运时的水压力和波压力。当波高小于1.0m时，只考虑静水压力［图4-9

(a)]；当波高等于或大于1.0m时，除静水压力外，尚应考虑波压力[图4-9(c)]。

(4) 沉箱沉放时的水压力。沉箱在基床上沉放时，一般采用灌水压载法。随着沉箱均匀缓慢地下沉，外壁水压力逐渐增大，当沉箱底与基床顶面相接触的瞬间，箱壁所受到的水压力最大[图4-9(d)]。

(5) 对箱格有抽水要求时的水压力。

(6) 基础使用期所受到的荷载，主要包括箱内填料产生的箱内填料侧压力、上部结构传来的荷载、波浪荷载、水流荷载等。

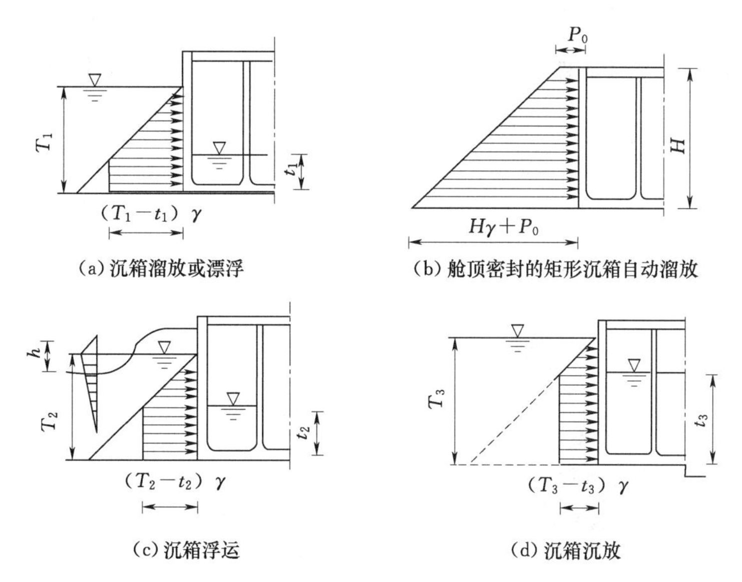

图4-9 沉箱外壁受力图示

γ—水的重度；h—波高

2. 计算图式

由于圆形沉箱的外壁为曲面，计算比较复杂，宜通过有限元软件计算。无条件采用有限元软件计算时，可采用有经验的实用方法进行如下近似计算。

(1) 对无隔墙圆形沉箱可采用有经验的简化方法计算内力，如纵向可作为一端固定、一端简支的梁计算，横向在外壁上取单宽圆环进行计算。

(2) 对有隔墙圆沉箱，外壁分两种情况进行近似计算：①底板以上1.5l（l为内隔墙间距）区段内，按三边固定一边简支的曲板计算（图4-10）；在曲板的水平向和垂直向各切出1m，水平向按两端固定的无铰拱计算；垂直向以拱为弹性支承，按一端固定、另一端简支的弹性支承连续梁计算。②1.5l以上区段，也可在水平方向和垂直方向各切出1m，水平向按两端固定的无铰拱计算；垂直向按构造配筋。

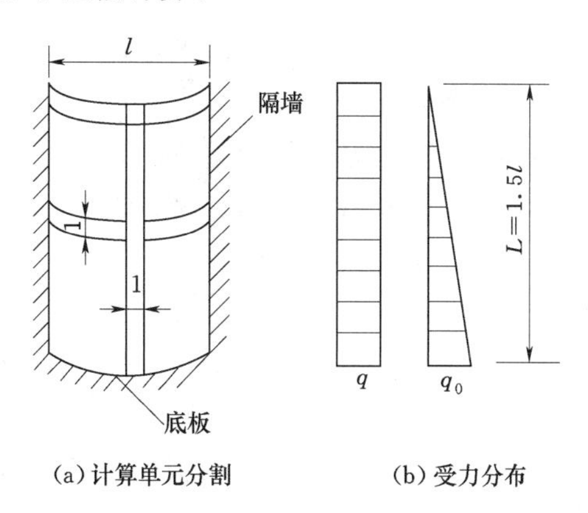

图4-10 曲板计算图示

4.4.3.4　底板的计算

1. 计算荷载

底板的计算一般考虑以下两种受力情况。

(1) 使用时期，作用于底板向上的基床反力、向下的底板自重和箱格内填料垂直压力（按储仓压力计算）、结构自重力、塔筒传递的竖向压力、波浪产生的上浮力等。

(2) 沉放和浮运期间，相应于外壁在4.4.3.3节中（2）～（5）四种受力情况时对底板产生的浮托力及箱内压舱水的重量。一般前一种情况为底板的控制荷载（图4－11）。

2. 计算图式

沉箱底板应按四边固定板计算，作用在四边固定板上的设计荷载如图4－11（a）所示；外趾板应按悬臂板计算，作用于外趾板上的设计荷载如图4－11（b）所示。

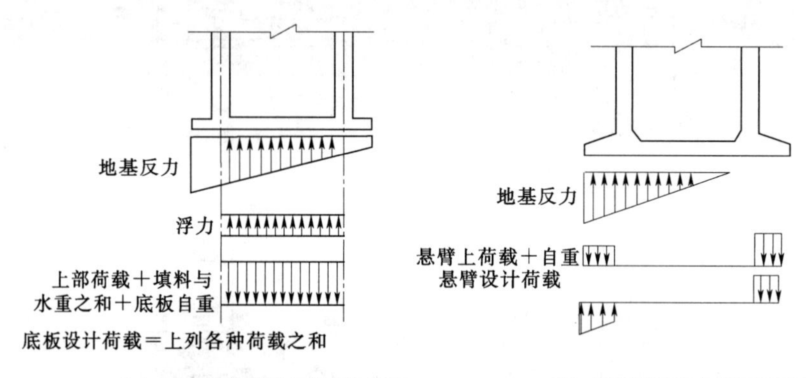

图4－11　使用时期底板的设计荷载

4.5　大直径圆筒基础

4.5.1　大直径圆筒基础的结构型式

大直径圆筒是直径与高度之比（即径高比）较大（通常在0.5以上）、厚度与直径之比（即厚径比）较小（一般小于0.03）的大直径薄壁结构，具有拱结构的受力特点。大直径圆筒基础对地基条件的适应能力较强。当海床下不深处有较硬土层，但如果直接放置大直径圆筒，其承载力又不足时，宜采用抛石基床来扩散地基应力，将圆筒放在基床上，称为基床式（或称座床式），如图4－12（a）所示。当海床以下不深处有承载力足够的硬土层时，可开挖基槽将圆筒埋入或直接沉入到硬土层，称为浅埋式，如图4－12（b）所示。当海床以下有较厚的软土层时，可以将圆筒穿过软土层插入到下卧持力层，称为深埋式（或称插入式），如图4－12（c）所示。

对于基床式或浅埋式大直径圆筒基础，其工作机理和适用条件与一般重力式结构类似。对于深埋式大直径圆筒基础，由于海床以下土体对圆筒具有嵌固作用，结构的稳定性依靠筒前土抗力、筒体自重、土体对筒壁的摩阻力以及下卧持力层地基反力共同维持，其工作机理更为复杂。但深埋式大直径圆筒基础适用于软土地基，是在软基上建造重力式基

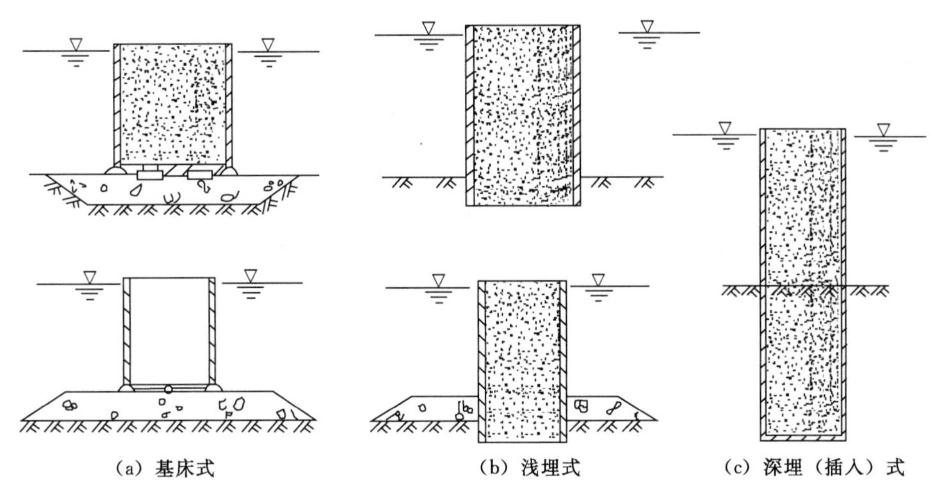

图 4-12 大直径圆筒基础的基本类型

础的一种经济可行的结构型式。

4.5.2 大直径圆筒基础的构造

圆筒是大直径圆筒基础最重要的部分，一般由钢筋混凝土制成，其平面形状多为圆形。圆筒的直径一般根据建筑物的稳定性和地基承载力由计算确定，但也要考虑施工条件和构造要求。圆筒的壁厚由强度和抗裂计算确定，并满足构造要求和施工条件，一般为300～400mm。圆筒直径较大时，壁厚也应相应加大。

对于基床式大直径圆筒基础，为减少筒壁底部的地基应力，可在筒底设置趾脚，采用圆环形，如图 4-13 所示。内外趾长度应考虑到筒壁底部的受力状态，使之不会由于过大的力矩而发生破坏，一般采用 0.5～1.0m，且两者不宜相差过大。内外趾的设置也有利于建筑物的抗滑和抗倾稳定性。

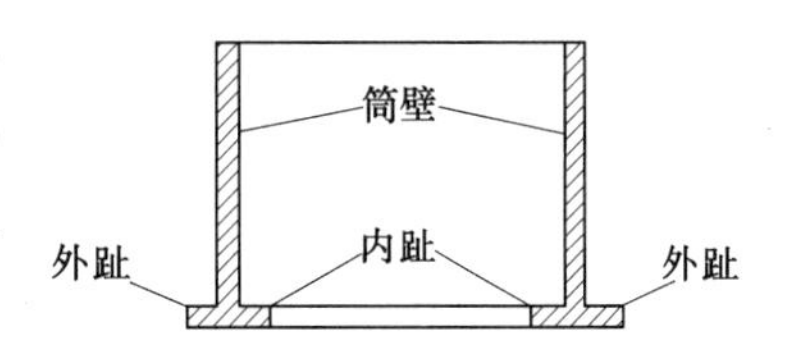

图 4-13 内趾和外趾示意图

圆筒的高度取决于筒顶和筒底高程。当圆筒重量较大、起重设备能力不够时，圆筒可沿高度分节预制和吊装。

圆筒内的填料应选用当地价格便宜的材料，一般选用天然级配较好的砂和石料。采用砂料填充时，宜振冲密实；底部宜设混合石料倒滤层，厚度不宜小于 0.6m。

4.5.3 大直径圆筒基础的计算

4.5.3.1 荷载计算

大直径圆筒是无底圆柱形空间壳体结构，作用于其上的土压力不同于一般的重力式结构，有其特殊性。

1. 筒内填料压力计算

大直径圆筒内填料压力类似于筒仓压力，一般筒仓压力计算广泛采用杨森公式，但杨

森公式适用于有底筒仓和无限深筒仓的情况。对于安放在可压缩地基上的无底圆筒，内填料与筒壁的相互作用特性与有底筒仓不同，也不同于无限深筒仓。大直径圆筒内填料压力的计算目前尚无成熟的方法。

参考C. H列瓦切夫的研究成果，可将筒内填料划分为主动区、被动区和过渡区三个区；筒内上部填料在自重和垂直荷载作用下，相对筒壁向下运动，称为主动区I；筒内下部填料在地基垂直反力作用下，相对筒壁产生向上的位移，称为被动区III；在主动区和被动区之间可能存在一个过渡区II，如图4－14所示。参考周在中的研究成果，三个区域及相应填料压力的计算方法如下：

主动区AB段的高度h_1。可以自筒顶A作角$\psi_1 = 45° + \varphi/2 - \delta$的斜线相交于筒壁的$b$点，则

$$h_1 = D_0 \tan(45° + \varphi/2 - \delta) \tag{4-49}$$

式中　φ——填料内摩擦角，(°)；

δ——填料与筒壁间的摩擦角，(°)；

D_0——圆筒的内径，m。

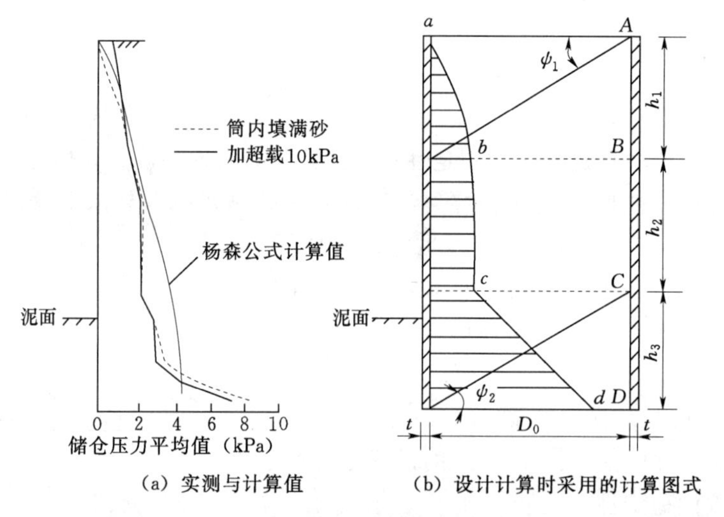

（a）实测与计算值　　（b）设计计算时采用的计算图式

图4－14　薄壳圆筒筒体内填料储仓压力分布图

被动区CD段的高度h_3。可以自筒底作一角度为$\psi_2 = 45° - \varphi/2$的斜线，相交于筒壁C点，即

$$h_3 = D_0 \tan(45° - \varphi/2) \tag{4-50}$$

AB段和CD段确定后，剩余的即为BC段，也就是过渡区。

参考周在中的研究成果，BC段的填料垂直压力σ_z可用杨森公式计算，即

$$\sigma_z = \frac{\gamma D_0}{4K\tan\delta}\left(1 - e^{\frac{4k\tan\delta}{D_0}Z}\right) \tag{4-51}$$

式中　γ——填料重度，kN/m^3；

K——填料侧压力系数；

Z——自填料顶面算起的计算点深度，m。

填料侧压力为

$$\sigma_x = K\sigma_z \tag{4-52}$$

圆筒底端（D 点）的填料侧压力考虑地基反力的作用，按杨森公式（4-51）计算的侧压力加上50%的筒壁摩擦阻力。

由以上过程可求得 A、B、C、D 各点的填料侧压力值，假设 A 至 B 点的侧压力为直线变化，B 至 C 点的侧压力可按杨森公式计算，C 至 D 点的侧压力也为直线变化。如此可确定圆筒内的填料压力。

但是，上述方法划分三个区域，仅考虑了填料的内摩擦角、外摩擦角和筒径，而实际上影响区域范围的因素还应包括内填料的可压缩性，以及地基反力和地基变形等。此外，上述确定筒底填料压力的方法也缺乏足够的理论依据。

2. 筒前土抗力计算

基础的一般变位既有向前的平移，又有向前的转动。因此，基础入土段的位移量从海床表面向下逐渐减小，入土段的上部土压力可达极限值，而下部则达不到极限值。计算时将墙前土抗力按梯形分布考虑，如图4-15所示，即深度 h_1 段以下采用矩形分布。h_1 值与圆筒入土部分的水平位移和地基土的密度有关，其计算公式为

$$h_1 = t\rho\sqrt[3]{\Delta/t} \tag{4-53}$$

式中 t——圆筒沉入地基的深度，m；

Δ——圆筒入土段的水平位移，m，应根据计算确定，初步设计阶段可取0.015m；

ρ——与地基土密实度有关的系数，对于砂性土，根据相对密实度 D_r 确定，$D_r \geqslant 0.67$ 时 $\rho = 3.2$；$0.67 > D_r > 0.33$ 时 $\rho = 2.4$；$D_r \leqslant 0.33$ 时，$\rho = 1.7$。

计算筒前土抗力时，假定以与圆筒外缘相切的平面为计算墙面。被动土压力值可按库仑理论计算，取外摩擦力 $\delta = 3\varphi/4 \leqslant 30°$。

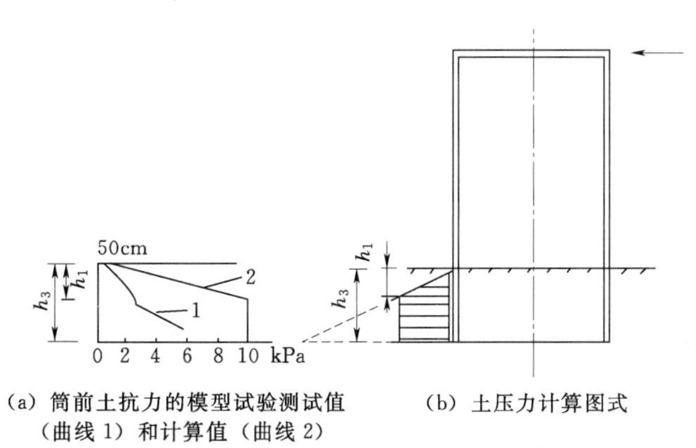

(a) 筒前土抗力的模型试验测试值（曲线1）和计算值（曲线2）　(b) 土压力计算图式

图4-15　浅埋式大直径薄壳圆筒结构土压力的计算图式

3. 土压力沿筒周的分布

在对大直径圆筒基础进行筒体强度计算时，需要确定沿圆筒圆周的土压力分布。参考C.H列瓦切夫的研究成果，计算方法如下：

设 p 为作用于圆周上的土压力，p_0 为 p 在拱顶处的值，p_r 和 p_τ 为 p 的径向分力和切向分力，则

当 $0 < \theta < \delta$ 时

$$p_r = p_0\cos^2\theta \qquad p_\tau = 0.5p_0\sin 2\theta \tag{4-54}$$

当 $\theta > \delta$ 时

$$p_r = p_0 \frac{\cos\theta\cos\delta}{\cos(\theta-\delta)} \qquad p_\tau = p_0 \frac{\cos\theta\sin\delta}{\cos(\theta-\delta)} \tag{4-55}$$

式中 δ——土与筒壁间的摩擦角，(°)；

p_0——按平面墙背假设计算的土压力，kPa。

式（4-54）和式（4-55）给出的土压力分布如图4-16所示。本章参考文献［9］根据微分体上力的平衡方程，给出了土压力沿筒周的另一种分布。

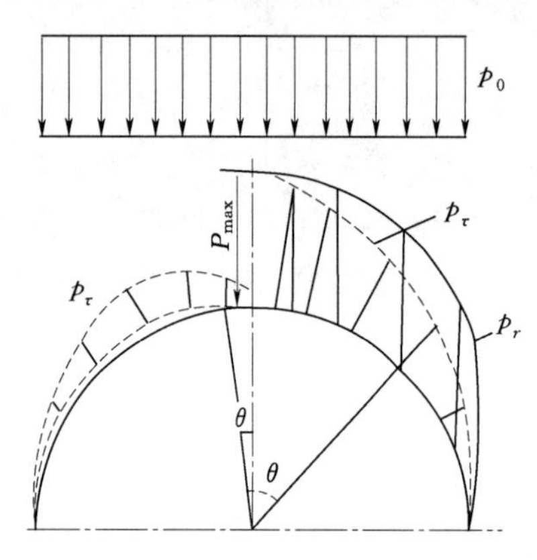

图4-16 土压力沿筒周的分布

p_τ—切向强度；p_r—径向强度

4.5.3.2 稳定性分析

基床式和浅埋式大直径圆筒基础的稳定性分析与一般的重力式结构类似。对于深埋式大直径圆筒基础，其与土的相互作用机理较为复杂，其稳定性分析具有如下特点。

（1）深埋式大直径圆筒不仅靠自重维持自身稳定性，筒前土抗力也提高其稳定性，当插入土中深度较大时尤为明显。

（2）在基床式大直径圆筒抗倾稳定性分析中采用的筒内填料参加抗倾工作百分比或漏出量的概念，不适用于深埋式大直径圆筒的抗倾稳定性分析。合理的分析方法应该是：通过填料对筒壁的摩擦力来考虑内填料对抗倾稳定性所起的作用。

（3）当圆筒插入土中深度较大时，圆筒发生滑移和倾覆的可能性几乎是不存在的，但是有可能出现风电机组运行所不允许的变位。因此，深埋式圆筒稳定性应由允许的位移和转角来判断。

由以上分析可知，深埋式大直径圆筒基础的稳定性分析不能直接套用基床式圆筒基础的稳定性分析方法，应从作用与抗力的极限平衡条件、对结构位移与转角的限制条件两个方面分别考虑。应该指出的是，目前关于深埋式大直径圆筒结构的设计理论、计算方法和施工工艺等都还不成熟，仍需开展更深入的研究工作。

4.5.3.3 强度计算

对大直径圆筒的强度进行验算时需要考虑下面三种情况。

（1）圆筒在吊运时，由于自重作用（考虑动力系数）在筒壁横断面内产生垂直拉应力。

（2）在施工过程中，圆筒内填料已填满，在内部填料侧压力作用下产生筒壁环向拉应力。

（3）圆筒在基础使用过程中的作用荷载包括：筒内填料侧压力、土压力、波浪力（或可能产生的冰荷载）、水流力、塔筒传下来的荷载等。

由于大直径圆筒基础的受力情况复杂，目前多采用简化法，圆筒结构的内力一般取1m高的圆环进行计算。在均布荷载作用下，圆筒的内力可按有经验的简化法计算。集中

力作用下，圆筒内力可按半圆形无铰拱进行计算。有条件时可采用有限元软件进行分析计算。

4.6 吸力式基础

4.6.1 吸力式基础的结构型式

吸力式基础也称为吸力式沉箱基础、负压桶型基础、吸力式桶型基础。可用于海上风电场的吸力式基础型式多样。按结构材料可分为：钢结构、混凝土结构和混合结构。按吸力桶数量可分为：单桶基础和多桶组合基础。按是否有预应力可分为：预应力吸力式基础和非预应力吸力式基础。

4.6.1.1 钢结构

1. 单桶基础

单桶吸力式基础是最为简单，受力特征也最明确的一种结构型式，如图 4－17 所示，其各种参数的比较见表 4－8。

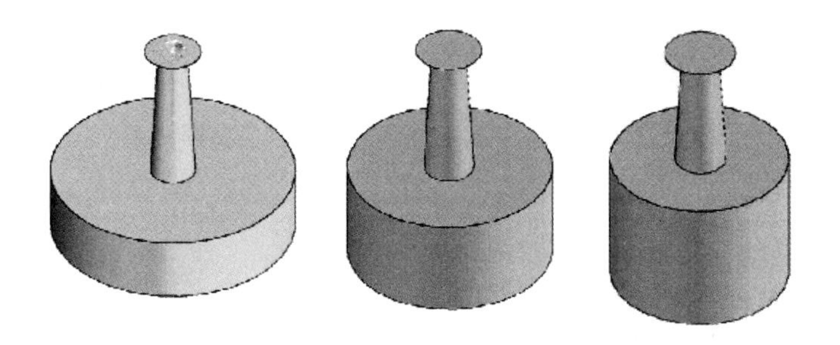

图 4－17　不同直径单沉箱结构示意

表 4－8　不同直径单桶基础结构参数比较

钢筒筒径/m	钢材用量/t	抗倾覆能力/(MN・m)	拖航能力/t
30	500～700	300～800	4000～12000
25	400～600	300～700	3500～10000
20	300～500	200～500	2000～6000

对于海上风电机组整体结构来说，由强风引起的翻转运动是风机设计首要考虑的问题。由于风机位置很高，风机荷载对基础所产生的弯矩很大，因此要满足承载力要求，应着重考虑抗倾覆能力。图 4－17 的几种结构均满足抗倾覆要求，可以看到随着吸力桶直径的减小，吸力桶高度不断增加，这是因为直径大高度小的吸力式基础的抗倾覆、抗侧移主要依靠吸力桶顶盖与土体摩擦力；直径小高度大的吸力式基础的抗倾覆主要依靠桶壁侧摩阻力，类似于桩基础。在浅海区域，使用大直径的吸力式基础更容易满足拖航要求。

2. 多桶组合基础

多桶组合基础在抗倾覆和材料成本上都有其优势，但制作稍复杂，施工中负压下沉也

较容易控制，在浅海区域应优先考虑，如图 4－18 所示。

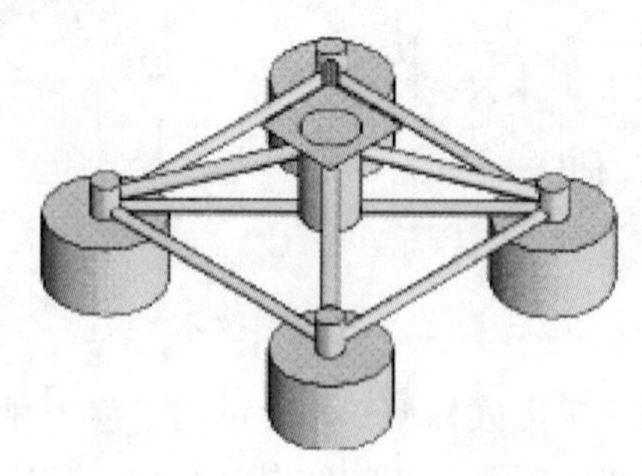

图 4－18　多桶组合基础

4.6.1.2　混合结构

混合结构往往是吸力式基础下部采用钢质吸力桶结构，上部加混凝土顶盖，顶盖还可以是多种多样的，包括变截面实心混凝土顶盖、分仓混凝土顶盖、加肋顶盖等，使用混合结构一方面可以减少钢材用量，另一方面混凝土顶盖可以增加加载重量提高结构承载力，分仓设计，更是为沉贯完成后，继续在舱中堆载提供方便，可形成重力负压吸力式混合结构，增加稳定性，如图 4－19 所示。

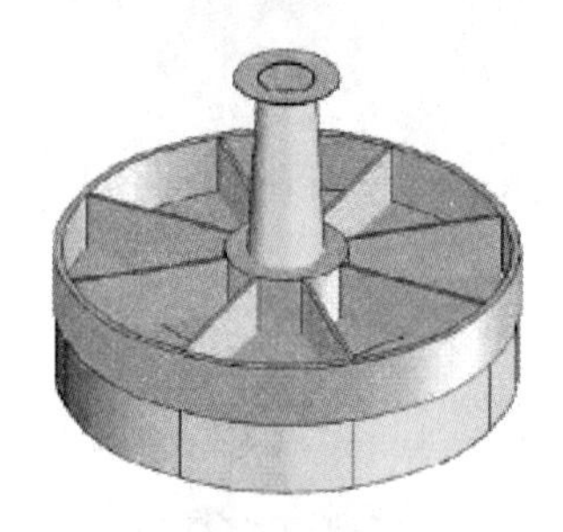

(a) 分仓式顶盖

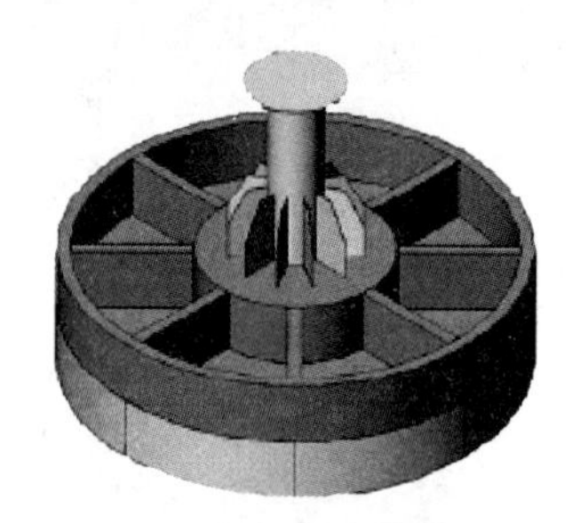

(b) 分仓加肋式顶盖

图 4－19　混合结构

4.6.1.3　预应力结构

在以风荷载为控制荷载的极限荷载组合下，风荷载值较大，塔筒又过高，最终往往导致结构正常使用极限状态无法满足。因此，可采用预应力结构，在肋板处加预应力钢筋，有效控制塔筒与基础连接处的裂缝，提高结构耐久性，同时也可以节约材料成本，如图 4－20 所示。

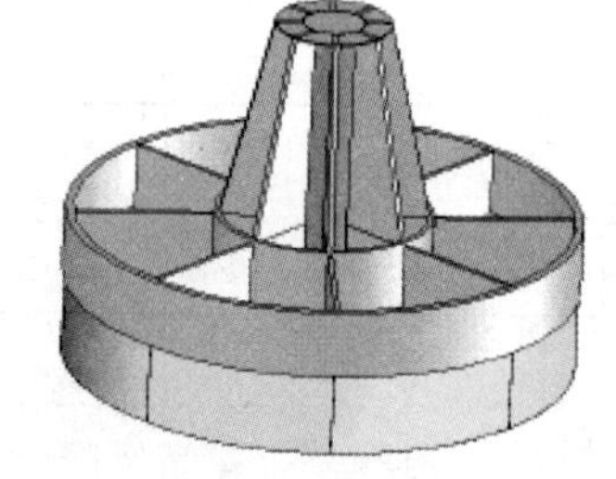

图 4－20　预应力混凝土结构

4.6.2　吸力式基础的构造

对于海上风电机组吸力式基础而言，其竖向承载力相对较易满足要求，关键在于保障抗倾覆能力能满足要求。所以，常常将吸力桶设计成宽浅结构，高径比多在 0.5 左右，一般不超过 1。对于钢制吸力桶，为了防止基础发生屈曲破坏，一般要求吸力桶直径 D 与桶壁厚 t 之比不超过 150。当吸力桶平面尺寸较大时，也可在吸力桶内部设置一定数量的隔板，并在隔板分成的各个独立分仓的顶盖上预设抽水孔，当遇到桶体在下沉过程中发生倾斜时，对沉降小的部位对应的分仓加大负压，其他分仓不进行任何操作，从而达到调平的目的。

在塔筒与吸力式基础的联接处容易产生应力集中，进而造成吸力桶顶板的破坏，设计时可以在吸力桶与塔筒相连处增加肋板，从而有效消除连接处的应力集中问题，如图 4－19（b）所示。

4.6.3 吸力式基础的计算

吸力式基础最初用于海上浮式采油平台中，承受上拔荷载作用。海上风电机组基础中的吸力式基础承受的是水平和竖向下压荷载作用。吸力式基础的抗压承载力计算还没有规范可依，在设计中可参照桩基础来进行。然而，由于吸力式基础较浅的埋深和桶内土体的影响，使得其又同桩和普通浅基础有所区别。

4.6.3.1 抗压承载力计算

与海上浮式采油平台中的吸力式基础不同，海上风电机组基础中的吸力桶长径比较小，大多小于1。结合我国浅滩和近海的地质条件，一般可设计为宽浅型吸力式基础，吸力桶的顶盖与地基土完全接触。因此，吸力式基础的竖向承载力主要由地基土对吸力桶顶盖的地基反力、吸力桶侧壁摩阻力和吸力桶端部的承载力三部分组成。

吸力式基础抗压承载力计算公式为

$$Q_d = Q_f + Q_p + Q_{DB} = \sum f_i A_{si} + q_d A_p + A' q_u \tag{4-56}$$

式中 Q_f——吸力桶侧壁摩阻力，kN；

f_i——在 i 层土中吸力桶侧壁表面的单位面积侧摩阻力，kPa，普通黏土取值如图4-21所示，对于高塑性黏土 f_i 可取与次固结和正常固结黏土的不排水抗剪强度相等的值，对于超固结黏土，埋入较浅部分取 $f \leqslant 50$kPa，埋入较深部分 f_i 可取与正常固结 c_u 相等的值。对于砂性土 $f = k_0 p_0 \tan\delta$，k_0 是水平土压力系数（0.5～1.0），p_0 是有效上覆荷载（kPa），δ 是土与吸力桶侧壁之间的摩擦角；

Q_p——吸力桶底端阻力，kN，$Q_p = A_p q_d$；

A_{si}——在 i 层土中吸力桶侧壁的面积，m^2；

q_d——吸力桶底端单位面积地基极限承载力，kPa，黏土中 $q_d = 9c_u$，其中 c_u 是不排水强度；砂土中 $q_d = p_0 N_q$，N_q 是无量纲承载力系数，推荐取值见表4-9；

A_p——吸力桶底端的等效面积，m^2；

Q_{DB}——吸力桶顶部承载力，kN；

A'——取决于荷载偏心度的吸力桶顶盖等效面积，m^2，$A' = [R^2 \arccos e/R - e \times \sqrt{R^2 - e^2}]$，偏心距 $e = (M_{xy} + F_{xy} h)/(G_1 + F_z)$，$M_{xy}$、$F_{xy}$、$F_z$ 是基础受到的极限弯矩、水平力、竖向力荷载，h 是基础加荷作业平台到吸力桶顶盖的高度，G_1 是顶盖和基础上部结构自重；

q_u——吸力桶顶单位面积地基极限承载力，kPa。

q_u 可采用汉森公式计算，即

$$q_u = c' N_c S_c d_c i_c + q N_q S_q d_q i_q + \frac{1}{2} \gamma b N_\gamma S_\gamma d_\gamma i_\gamma \tag{4-57}$$

式中 c'——地基土的有效黏聚力；

N_q，N_c，N_γ——承载力系数，$N_q = e^{\pi \tan\varphi} \tan^2(45° + \varphi/2)$，$N_c = (N_q - 1)\cot\varphi$，$N_\gamma$ 可近似地用 $1.5(N_q - 1)\tan\varphi$ 计算，φ 为地基土的内摩擦角，(°)；

γ——地基土单位有效重量，kN/m^3；

i_c，i_q，i_γ——荷载倾斜系数，$i_c = i_q - \frac{1-i_q}{N_c \cdot \tan\varphi}$，$i_q = \left(1 - \frac{0.5F_z}{F_v + c'A'\cot\varphi}\right)^5$，$i_\gamma = (1 - \frac{0.7F_z}{F_v + c'A'\cot\varphi})^5$；

S_c，S_q，S_γ——基础形状系数，$S_c = 1 + 0.2 i_c \frac{b'}{l'}$，$S_q = 1 + i_q \frac{b'}{l'}\sin\varphi$，$S_\gamma = 1 - 0.4 i_\gamma \frac{b'}{l'}$；基础换算宽度 $b_e = 2(R - e)$，基础换算长度 $l_e = 2R \times \sqrt{1-(1-b_e/2R)^2}$，基础等效长度 $l' = \sqrt{A' l_e / b_e}$，基础等效宽度 $b' = l' b_e / l_e$，且式（4-57）中 $b = b'$；

d_c，d_q，d_γ——基础深度系数，$d_c = 1 + 0.35 \frac{d}{b'}$，$d_q = 1 + 2\tan\varphi(1-\sin\varphi)^2 \frac{d}{b'}$，$d$ 是基础换算埋深，适当减去浅层软弱土层厚度，$d_\gamma = 1$；

q——基础底面处的有效旁侧荷载，kPa，取极限单位侧阻力最大值；

A'——取决于荷载偏心度的基础有效面积，m^2。

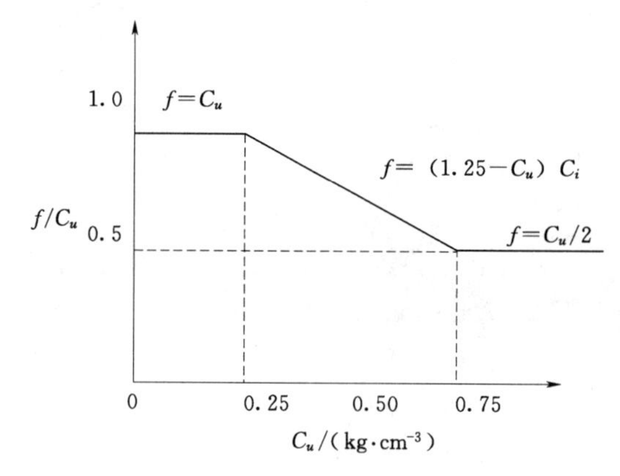

图 4-21　黏性土吸力桶侧壁的摩阻力系数 f

表 4-9　N_q 的取值

土的种类	φ	φ'	N_q
纯净的砂	35°	30°	40
淤泥质砂	30°	25°	20
砂质淤泥	25°	20°	12
粉土	20°	15°	8

4.6.3.2　抗拔承载力计算

吸力式基础的抗拔破坏可分为两类：①仅吸力桶从土中拔出，抗拔力由吸力桶自重、吸力桶内外侧摩阻力、吸力桶内外水压力差三部分组成；②吸力桶带着筒内外一部分土一起拔出。对于长径比较小的吸力式基础，由于吸力桶直径较大，黏土地基主要是发生第二种破坏，此时吸力桶内壁摩阻力与负压对吸力桶内土的作用力之和超过土的拉伸强度，吸力桶内的土柱因张力失效而部分与基础分离，如图 4-22 所示，具体吸力桶内土分离多少，需根据具体地基土的特性进行实验验证。砂土中吸力式基础只发生第一种破坏，黏土

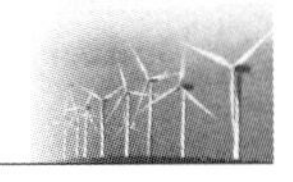

地质两种都有可能发生，在结构设计使用时取两种破坏模式所得到的最小值作为吸力式基础的极限抗拔能力，当将吸力桶回收利用时取大值作为抗拔力。

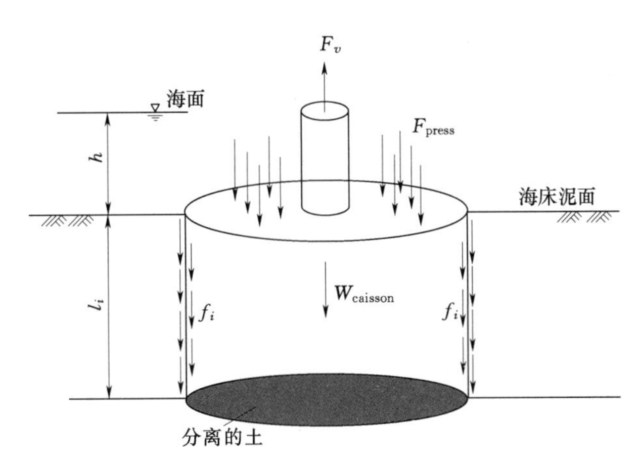

图 4-22 抗拔失效分析示意图

对于第一种破坏模式，吸力式基础的抗拔承载力计算公式为

$$F_v = W_{caisson} + F_{press} + Q_{interior} + Q_{exterior} \tag{4-58}$$

式中 $W_{caisson}$——吸力桶的自重，kN；

F_{press}——作用在吸力桶顶部的水压力，kN；

$Q_{interior}$——吸力桶内壁与土体之间的摩擦阻力，kN；

$Q_{exterior}$——吸力桶外壁与土体之间的摩擦阻力，kN。

对于第二种破坏模式，吸力式基础的抗拔承载力计算公式为

$$F_v = W_{caisson} + F_{press} + W_{soil} + Q_{exterior} + Q_{tip} \tag{4-59}$$

式中 W_{soil}——吸力桶内土塞的自重，kN；

Q_{tip}——土塞底部的极限张力，kN。

4.6.3.3 水平承载力计算

1. 受转动约束时的水平承载力

在水平力作用下，吸力式基础在水平力作用方向上发生平动。水平方向上受到土体的压力和底部剪力，其受力情况如图 4-23 所示。假设在泥面以下深度 z 处的极限土抗力为 $p_u(z)$，则吸力式基础的水平极限承载力为

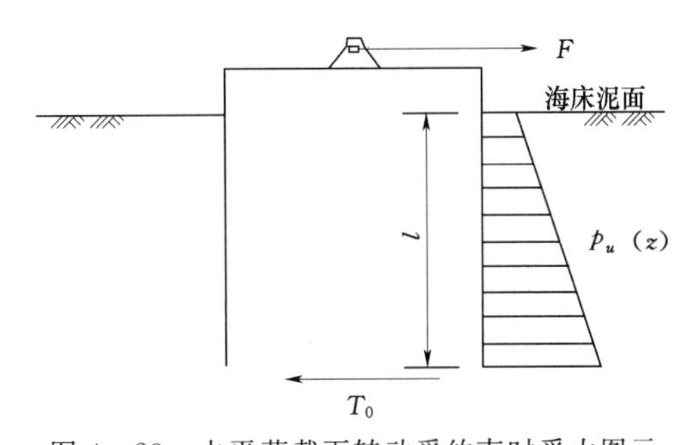

图 4-23 水平荷载下转动受约束时受力图示

$$F_H = \int_0^l p_u(z) D(z) \mathrm{d}z + T_0 \tag{4-60}$$

其中

$$T_0 = \pi R^2 c_u$$

式中 l——吸力式基础的入土深度，m；

T_0——吸力式基础底剪力，kN；

R——吸力桶的内径，m；

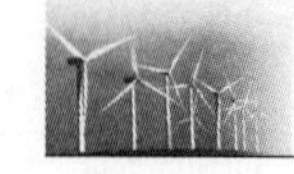

c_u ——土的不排水抗剪强度，kPa；

$D(z)$ ——深度 z 处的沉箱外径，m；

$p_u(z)$ ——基础前土抗力，kPa。

2. 不受转动约束时的水平承载力

如图 4-24 所示，吸力式基础与吸力桶内土体出现相对滑动，吸力桶受到前侧土压力、吸力桶内外壁摩阻力、吸力桶顶盖下土反力及水平力作用。假设吸力桶壁内外摩阻力相同，则吸力桶内外摩阻力产生的力矩为

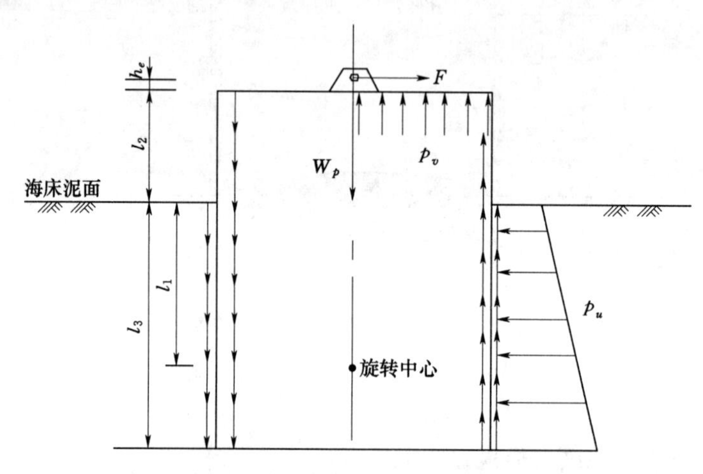

图 4-24 水平荷载下可自由转动时受力图示

$$M_0 = 8q_f R^2 \tag{4-61}$$

砂土中不同深度下的摩阻力值的计算公式为

$$f = k_0 P_0 \tan\delta \tag{4-62}$$

式中 k_0 ——水平土压力系数（0.5～1.0）；

P_0 ——有效上覆荷载，kPa；

δ ——土与基础表面的摩擦角，(°)。

吸力桶单位周长的摩阻力为 q_f，则

$$q_f = \int_0^{l_3} k_0 p_0 \tan[\varphi(z)]\mathrm{d}z \tag{4-63}$$

由于此时摩擦力的作用为抗拔，故 k_0 值取小值 0.5。

吸力桶顶盖下的土反力及力矩为

$$M_P = Pr = W_P r \tag{4-64}$$

以荷载作用点为支点的力矩平衡方程式为

$$M_0 + M_P - \int_0^{l_1} p_u(z)D(h_e + l_2 + z)\mathrm{d}z + \int_{l_1}^{l_3} p_u(z)D(h_e + l_2 + z)\mathrm{d}z = 0 \tag{4-65}$$

式中 h_e ——水平力作用点到吸力桶顶盖的竖向距离，m；

l_1 ——旋转中心距泥面的距离，m；

l_2 ——吸力桶顶盖到海床泥面的距离，m；

l_3 ——海床泥面到吸力桶底端的距离，m；

$p_u(z)$——土的极限抗力，kPa。

解式（4-63），求出 l_1，由水平力平衡得到吸力式基础不受转动约束时的水平承载力为

$$F_H = \int_0^{l_1} p_u(z) D \mathrm{d}z - \int_{l_1}^{l_3} p_u(z) D \mathrm{d}z \qquad (4-66)$$

参 考 文 献

[1] DNV-RP-E303. Geotechnical design and installation of suction anchors in clay [S]. 2005.

[2] API Recommended Practice 2A-WSD (21st Edition). Recommended practice for planning, designing and constructing fixed offshore platform-working stress design [S]. American Petroleum Institute, 2000.

[3] Luke A M, Rauch A F, Olson R E, et al. Components of suction caisson capacity measured in axial pullout tests [J]. Ocean Engineering, 2005 (32): 878-891.

[4] JTS 167—2—2009. 重力式码头设计与施工规范 [S]. 北京：人民交通出版社，2009.

[5] JTS 151—2011. 水运工程混凝土结构设计规范 [S]. 北京：人民交通出版社，2011.

[6] 交通部第一航务工程勘察设计院. 港口工程结构设计算例 [M]. 北京：人民交通出版社，1999.

[7] C. H 列瓦切夫. 薄壳在水工建筑物中的应用 [M]. 赵翊，等，译. 北京：人民交通出版社，1982.

[8] 周在中，等. 大直径圆筒挡墙模型试验与计算方法的研究 [J]. 岩土工程师，1991，3 (4)：7-14.

[9] 王元战. 大型连续圆筒上土压力计算的新公式 [J]. 港口工程，1998 (1)：1-5.

[10] 王元战，迟丽华. 沉入式大直径圆筒挡墙变位计算方法研究 [J]. 岩土工程学报，1997，19 (3)：41-46.

[11] JTJ 275—2000. 海港工程混凝土结构防腐蚀技术规范 [S]. 北京：人民交通出版社，2000.

[12] FD 003—2007 风电机组地基基础设计规定（试行）[S]. 北京：中国水利水电出版社，2007.

[13] SY/T 10030—2004 海上固定平台规划、设计和建造的推荐作法——工作应力设计 [S]. 北京：石油工业出版社，2004.

[14] 韩理安. 港口水工建筑物 [M]. 北京：人民交通出版社，2008.

[15] 曲罡. 海上风电筒型基础结构设计研究 [D]. 天津：天津大学，2010.

[16] 刘喜珠. 海上风电大直径宽浅筒型基础结构设计及安全性研究 [D]. 天津：天津大学，2010.

第5章　浮　式　基　础

随着水深的增加，桩承式基础等固定式基础的成本会越来越高，特别是当水深超过50m之后。浮式基础利用锚固系统将浮体结构锚定于海床，并作为安装风电机组的基础平台，特别适用于水深50m以上的海域，具有成本较低、运输方便的优点。海上风电机组浮式基础是由海上采油平台基础发展而来，目前还没有商业化应用，处于研究阶段。

相对于陆上风力发电和采用固定式基础的海上风力发电来说，采用海上风电机组的浮式基础主要优点有：①可以将风电机组安装在水深较大海域，该区域风速较为稳定，风资源丰富，可利用小时数多；②风电机组安装位置可以移动，并且便于拆除；③安装在远离海岸线的水域，消除视觉的影响，并大大降低噪声、电磁波对人类生活的影响；④采用集成结构，使得海上安装程序可以简化，同时费用也低很多。

海上风电机组浮式基础的研究始于20世纪90年代，英国的Garrad Hassan等人于1994年对在采用悬链线系泊的Spar平台上设置单涡轮风电机组的方案进行了评价，这是最早针对风电机组浮式基础开展的详细研究。2006年在挪威的Marintek，第一个真正意义上的以Spar平台为基础的风电机组概念模型正式出现。2006年Fulton等人正式提出了以半潜式船体作为基础的海上风电机组浮式基础。2008年，英国的Blue H公司研制出了世界上第一台海上浮式风力机样机（图5-1），二叶风力机与浮式基础在岸上合体后拖航至安装地点。该样机的浮式平台基础类似于半潜式平台结构，风电机组置于平台中央主立柱上，平台用强力锚链线锚定于海底的重块上，锚链线长度可调节，以保证风力机在50～300m水深下正常运行。2009年Dominique Roddier等人提出了风电机组浮式基础的设计基础和资格准入问题，大大推动了海上风电机组浮式基础的发展。

图5-1　意大利布林迪西海港内的浮式风力机样机

5.1　浮式基础的结构型式及特点

随着世界能源需求的不断增加和风机技术的不断进步，海上风电逐渐向深水区域发展，工程技术人员针对海上风电机组浮式基础的研究也不断深入，一系列浮式基础设计概念不断出现，总体上可以分为Spar式基础、张力腿式基础和半潜式基础三类，同时一些新颖的浮式基础结构也相继出现。

5.1.1　Spar式基础

Spar式基础通过压载舱，使得整个系统的重心压低至浮心之下，以保证整个风电机组在水中的稳定，再通过辐射式布置的悬链线来保持风电机组的位置，如图5-2所示。Spar式基础的上部主体是一个大直径、大吃水的具有规则外形的浮式柱状结构，主体中有一个硬舱，位于壳体的上部，用来提供平台的浮力。中间部分是储存舱，在平台建造时，底部为平衡稳定舱。当平台已经系泊并准备开始生产时，这些舱则转化为固定压载舱，用于吃水控制。中部由系泊索呈悬链线状锚定于海床。系泊索由海底桩链、锚链和钢缆组成，其所承受的上拔荷载和水平荷载由桩或吸力桶来承担。

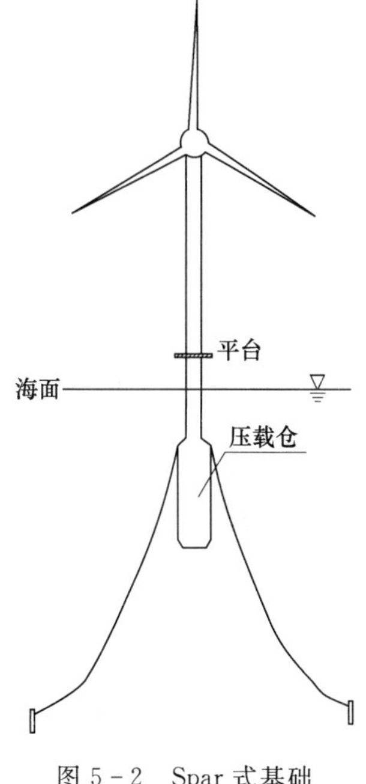

图5-2　Spar式基础

Spar式基础吃水大，并且垂向波浪激励力小、垂荡运动小，因此Spar式基础比半潜式基础有着更好的垂荡性能，但是由于Spar式基础水线面对稳性的贡献小，其横摇和纵摇值较大。

5.1.2　张力腿式基础

张力腿式基础主要由圆柱形的中央柱、矩形或三角形截面的浮箱、锚固系统组成，如图5-3所示。张力腿式基础的浮力由位于水面下的沉体浮箱提供，浮箱一侧与中央柱相接，另一侧与张力筋腱连接，张力筋腱的下端与海底基座相连或直接连接在固定设备顶端。有时候为了保证风电机组的位置，还会安装斜线系泊索系统，作为垂直张力腿系统的辅助。固定设备主要包括桩和吸力桶。

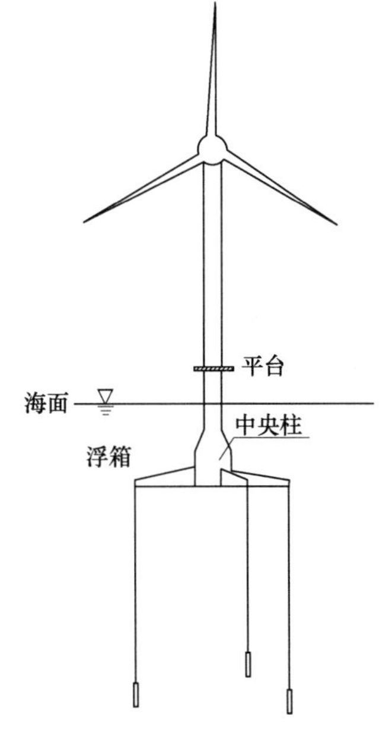

图5-3　张力腿式基础

张力腿式基础是利用绷紧状态下的张力筋腱产生的拉力与平台的剩余浮力相平衡。张力腿式基础也是采用锚泊定位的，但与半潜式基础不同，其所用锚索绷紧成直线，不是悬垂曲线，张力筋腱的下端与水底不是相切的，而是几乎垂直的。用的是桩锚（以打入海床的桩为锚）、吸力桶锚（以沉入海床的吸力桶为锚）或重力式锚（重块）等，不是一般容

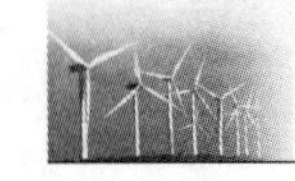

易起放的抓锚。张力腿式基础所受的重力小于浮力，其差值依靠张力筋腱的拉力来补偿，而且此拉力应大于由波浪产生的力，使张力筋腱上经常有向下的拉力，起着绷紧平台的作用。

张力腿式基础具有良好的垂荡和摇摆运动特性。缺点是张力系泊系统复杂、安装费用高，张力筋腱的张力受海流影响大，上部结构和系泊系统的频率耦合易发生共振运动。

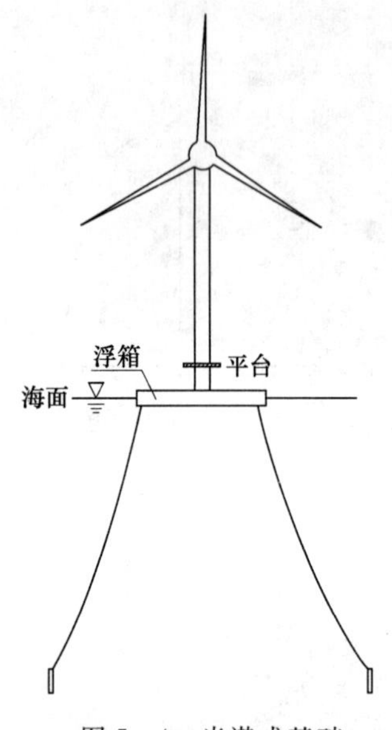

图 5-4 半潜式基础

5.1.3 半潜式基础

半潜式基础通过位于海面位置的浮箱来保证整个风电机组在水中的稳定，再通过辐射式布置的悬链线来保持风电机组的位置，如图 5-4 所示。半潜式基础的浮箱平面尺寸较大，高度较小，依靠浮箱半潜于水中提供浮力支撑。浮箱的平面尺寸应足够大，以保证整个风电机组的抗倾稳定。半潜式基础吃水小，在运输和安装时具有良好的稳定性，相应的费用比 Spar 式和张力腿式基础节省。

5.1.4 新型浮式基础

除上述浮式基础型式以外，目前工程技术人员又相继提出了一些新的适用于风电机组的浮式基础型式，并陆续通过理论分析和实验验证，证明了商业应用的可行性。

海面浮动结构技术属于半潜式基础的衍生，如图 5-5 所示，主要由压水板、桁架结构、立柱和系泊线组成。

由日本技术人员提出的浮式混合发电系统可以同时进行风力发电和波浪发电，该概念设计综合了半潜式基础和 Wave Dragon 波能转换装置的设计思想，如图 5-6 所示。

此外，采用悬链线和张力筋腱混合系泊定位的风电机组浮式基础，称为 Spar/TLP 混合基础。

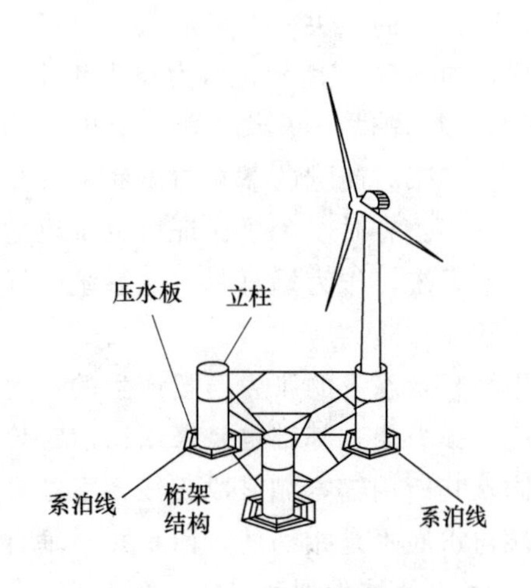

图 5-5 海面浮动结构

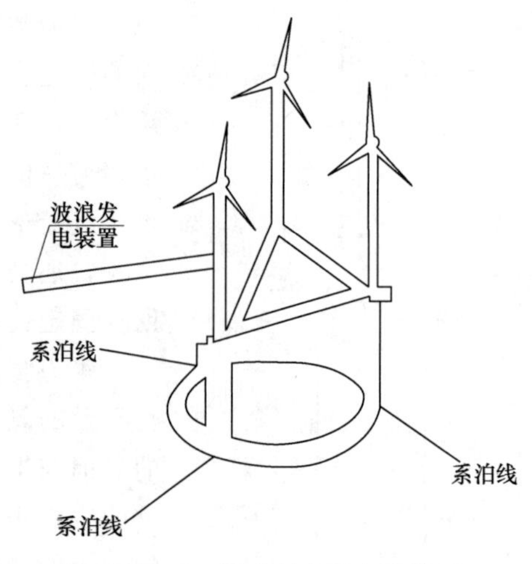

图 5-6 浮式混合发电系统

5.2 浮式基础的一般构造及设计要点

海上风电机组浮式基础目前还处于研究探索阶段，国内外还没有设计、施工等方面的规范或规程，更缺乏这方面的工程经验，相关资料也很少，鉴于海上风电的发展趋势和浮式基础的广阔应用前景，本节主要参考港口工程、海上平台相关经验，对浮式基础的一般构造和设计要点进行简要的介绍，仅供参考。

5.2.1 悬链线锚泊

辐射式布置的悬链线锚链将海上风电机组浮式基础锚固在海底，浮式基础的浮箱尺寸应保证有足够的浮力和漂浮稳定性，能承受锚链及风电机组整体重量。

1. 锚链

悬链线锚泊采用多链系统，可有效地固定住浮式基础。锚链的数量应从经济和安全两方面因素进行考虑，主要取决于系泊力的大小，锚链数量增加，浮箱尺寸也应相应加大，以承担所增加锚链的重量。

当外荷载作用于浮式基础时，浮箱向受力方向运动，把沉于海底的一段锚链拉起。当被拉起的锚链质量正好平衡外荷载时，则浮箱不再移动，为防止锚链猛然拉紧而导致断裂，根据最大负荷时的最大漂移量，至少应有足够长的锚链沉于海底。

锚固系统的弹性程度取决于锚链的重量和预紧力，为了得到最佳的预紧力并选取相应的锚链规格，应按不同组合进行模型试验，记录相应峰值，然后通过综合分析，确定最大链力 F_{max}。

最大链力确定后，可以计算出所需锚链的长度；对于搁置于水平海底上的锚链长度，其计算公式为

$$S_{min} \geqslant h\sqrt{1+\frac{2H_{max}}{Wh}} \tag{5-1}$$

式中 S_{min}——需要的最小锚链长度，m；

h——从浮箱底到海底的距离，m；

W——单位长度锚链的下水重，N/m；

H_{max}——作用于锚链上的最大水平力，N。

一般情况下，锚链总长等于 6～8 倍的水深。

若作用在锚端锚链上的最大水平力为 H_{max}，则作用在浮箱端锚链上的最大力 F_{max} 的计算公式为

$$F_{max} = \sqrt{H_{max}^2 + (WS)^2} \tag{5-2}$$

式中 S——锚链的长度，m，$S = S_{min}$。

锚链被固定在浮箱上的制链器上，该装置能够调节锚链的长度以维持最佳张紧状态。各条锚链必须按设计要求张紧，从而牵制浮箱，以免位移过大。但锚链也不能无限制地拉紧，否则其吸收外荷载作用在浮箱上的动能能力将变小。

锚链预紧力的控制方法是使锚链与浮箱底水平面夹角 α 为设计角度，α 一般为 50°～

55°，此时系泊力最小。

2. 固定设备

固定设备的选型应根据海底的地质条件而定。由于海上风电机组受到的水平风力较大，一般不选用锚作为固定设备，而大体积混凝土做成的重力锚由于海上运输麻烦，一般也不予采用。可以用于作为海上风电机组浮式基础固定设备的主要有桩和吸力桶两种。

桩基础或吸力桶锚碇根据锚链的最大链力进行布置，可用单根桩（单个吸力桶）或多根桩（多个吸力桶）。如用多根桩（多个吸力桶）锚碇，则应用桁架结构将它们牢固地连接在一起，这样才能充分发挥每根桩（每个吸力桶）的作用。

无论采用哪一种固定设备，在设置完后都要进行锚链预拉，以控制浮箱的水平位移。预拉力的大小，对于悬链线锚链约为锚链破断强度的3%～5%。

5.2.2　锚系计算

用作海上风电机组浮式基础的浮箱常由几根锚链从两个或几个方向锚系，属双面锚固问题。当一侧锚链拉紧程度远大于另一侧时，可简化为单面锚固问题，本节仅介绍单面锚固情况。

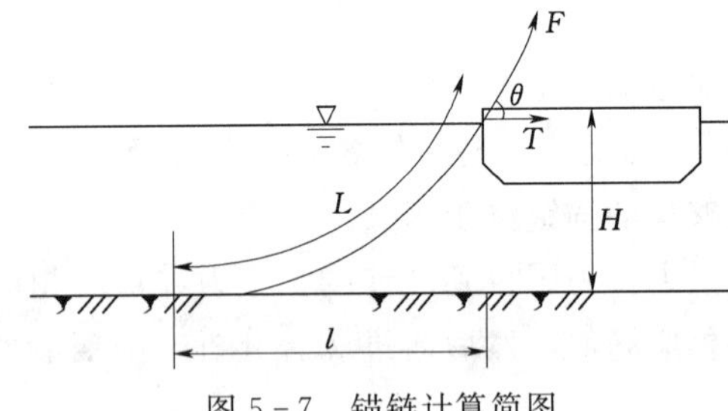

图5-7　锚链计算简图

浮箱承受风荷载、波浪荷载和水流荷载等水平力作用时，其锚系可按静力计算。锚链的静力分析可按悬链线进行，根据锚链的自重及浮箱在平衡位置时锚链拉力的水平分力的静力平衡，用下列悬链线标准方程计算锚链的拉力（图5-7）：

$$F=\frac{T}{\cos\theta}=T+wH \tag{5-3}$$

$$l=\frac{T}{w}\text{arch}\left(\frac{wH}{T}+1\right) \tag{5-4}$$

$$L=\frac{T}{w}\text{sh}\left(\frac{wl}{T}\right) \tag{5-5}$$

式中　w——锚链的水下单位长度自重力，kN/m；

T——锚链拉力的水平分力，kN；

F——导链孔处锚链拉力，kN；

H——导链孔至地面垂直高度，m；

θ——导链孔处锚链轴线与水平线夹角，(°)；

L——导链孔处至着地点的锚链曲线长度，m；

l——L的水平投影长度，m。

以上计算中，水平分力T与锚链曲线是在同一垂直平面内，而实际上锚链都是与浮箱成一个角度交叉布置的，所以必须先把作用在浮箱上的力分解到各锚链上。图5-8表

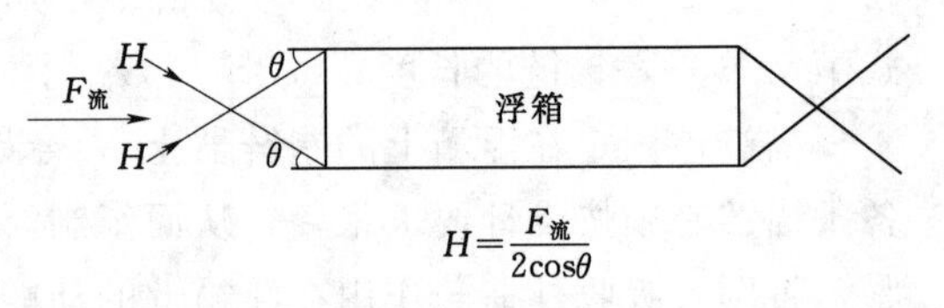

图5-8　锚链受力在平面上的分解

示了浮箱受水流荷载时这种分解的一个例子。一般情况下都是已知 H（以高水位时为不利）及 T（风荷载、波浪荷载、水流荷载等水平力），然后再根据选择锚链的 w 来计算锚链的拉力 F 。所选锚链的破断拉力（表 5－1）应不小于 $3F$ ，如不满足可重新选择锚链，直至计算结果满足相关要求。根据选定锚链的 w 和已知的 H 、T 可求得 l 和 L 。

表 5－1 铸钢锚链拉力值

链径 /mm	试验拉力 /kN	破断拉力 /kN	自重力 /(kN·m^{-1})	链径 /mm	试验拉力 /kN	破断拉力 /kN	自重力 /(kN·m^{-1})
25	248.0	372.0	0.1356	57	1291.0	806.0	0.7000
28	311.0	467.0	0.1697	62	1526.0	2135.0	0.8300
31	381.0	572.0	0.2080	67	1736.0	2425.0	0.9600
34	458.0	688.0	0.2500	72	1919.0	2688.0	1.1140
37	542.0	813.0	0.2940	77	2104.0	2946.0	1.2760
40	634.0	889.0	0.3440	82	2282.0	3192.0	1.4430
43	734.0	1028.0	0.3980	87	2450.0	3430.0	1.6180
46	840.0	1176.0	0.4550	92	2605.0	3548.0	1.8500
49	952.0	1334.0	0.5170	100	2828.0	3958.0	2.1500
53	1111.0	1561.0	0.6020				

5.2.3 浮式基础的设计

目前国内外还没有关于海上风电机组浮式基础的设计规范或规程。通过对海上风电机组浮式基础结构型式的分析和新型浮式基础的概念研究，浮式基础的设计步骤应包括：①总体尺寸规划；②水静力分析；③稳性分析；④水动力分析；⑤结构设计（构件尺寸、桁架和塔柱的强度及疲劳分析等）。

由于海上风电机组浮式基础工作在较深的水域，影响浮式基础强度和安全的载荷（图 5－9）主要包括：①重力；②环境荷载——波浪、水流、风等；③风电机组运行荷载（水平推力、转矩、偏航系统的力）；④浮式基础运动诱导的惯性力；⑤系泊系统的恢复力；⑥漂流物撞击、船舶碰撞等偶然荷载；⑦固定设备与土体之间的相互作用等。

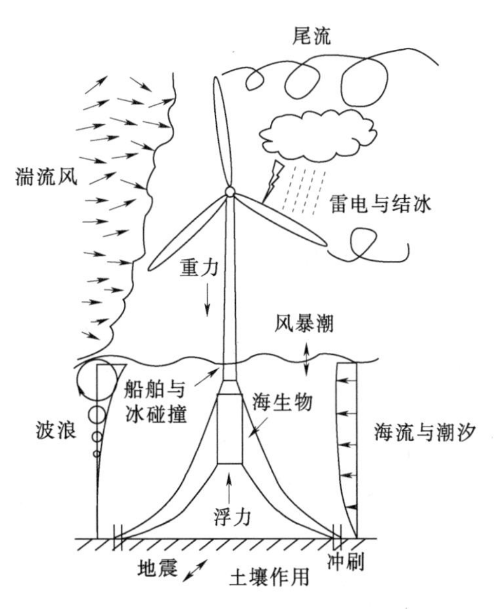

图 5－9 浮式基础承受的荷载

参 考 文 献

[1] Tong K. Technical and economical aspects of a floating offshore windfarm [C] //Proceedings of the OWEMES Seminar, Rome Feb 1994.

[2] Nielsen F G, Hanson T D, Skaare B. Integrated Dynamic Analysis of Floating Offshore Wind Turbines [C] //Proceedings of OMAE 2006 25th International Conference on Offshore Mechanics and Arctic Engineering, Hamburg, Germany, 4-9 June 2006.

[3] Fulton G R, Malcolm D J et al. Design of a Semi-Submersible Platform for a 5MW Wind Turbine [C] //44th AIAA Aerospace Sciences Meeting and Exhibit, Reno, NV, 9-12 January 2006.

[4] Dominique Roddier, Christian Cermelli. WINDFLOAT: A Floating Foundation for Offshore Wind Turbines [C] // Proceedings of the ASME 2009 28th International Conference on Ocean, Offshore and Arctic Engineering, Honolulu, Hawaii, USA, May 31-June 5, 2009.

[5] 段金辉，李峰，王景全，等．漂浮式风电场的基础形式和发展趋势 [J]. 中国工程科学，2010 (11)：66-70.

[6] 胡军，唐友刚，阮胜福．海上风力发电浮式基础的研究进展及关键技术问题 [J]. 船舶工程，2012，34 (2)：91-95.

[7] 韩理安．港口水工建筑物 [M]. 北京：人民交通出版社，2008.

第6章　海上风电机组基础防腐蚀

海上风电场与海港码头、海上大桥、海洋采油平台等大型海上建筑物所处的环境条件相似，受到波浪、水流、冰凌等环境因素的作用。此外，由于风电机组运行过程中产生的振动，使得基础容易产生疲劳损伤。因此，采取长期有效的防腐蚀措施，对于确保海上风电机组基础的安全具有十分重要的意义。

6.1　海上风电机组基础的腐蚀分区及特点

6.1.1　海水的性质

海水作为腐蚀介质，首要特征是含盐量相当大。对于大洋以及大多数的海域，海水含盐量相对稳定。海水中除了 H_2O 外，主要包含 Na^+、Mg^{2+}、Ca^{2+}、K^+ 等阳离子和 Cl^-、SO_4^{2-}、HCO_3^-、Br^- 等阴离子，还存在含量较少的其他组分，如臭氧、游离的碘、溴和硅酸的化合物等。由于电解质的存在，海水是一种电导性很高的电解液。高含量的氯离子使海水具有强烈的腐蚀性。对于钢结构，导致铸铁、低合金钢和中合金钢不可能在海水中建立钝态，甚至含铬的高合金钢也难以在海水中形成稳定钝态；对于混凝土结构，海水将与混凝土材料发生化学反应，影响混凝土的力学特性。

海水中溶解的气体有氮、氯、二氧化碳、惰性气体等。由于海水表面与空气的接触面积很大，以及经常不断的机械搅拌和剧烈的自然对流，表层海水的气体溶解达到饱和状态，其中氧的含量达到8mg/L（5.6mL O_2/L），容易使钢结构发生氧化反应，导致生锈腐蚀。

6.1.2　腐蚀特点及机理

由于材料的防腐蚀特性会随所处环境的不同而导致腐蚀速率大小不一，因此结构在不同高程部分的腐蚀特点也有所不同。

1. 大气区

海洋大气是指海面飞溅区以上的大气区和沿岸大气区，相对于普通内陆大气，具有比湿度大、盐分高、温度高及干湿循环效应明显等特点。由于海洋大气湿度大，水蒸气在毛细管作用、吸附作用、化学凝结作用的影响下，易在钢铁表面形成水膜，而 CO_2、SO_2 和一些盐分溶解在水膜中，形成导电良好的液膜电解质，易发生电化学腐蚀。由于钢材的主体元素铁和碳等微量元素的标准电极电位不同，当它们同时处于电解质溶液中时，就形成了很多原电池，铁作为阳极在电解质溶液（水膜）中失去电子变成铁离子，氧化后生锈。此外，Cl^-、SO_4^{2-}、HCO_3^- 等离子的存在提高了水膜的导电能力，加速了钢材的点蚀、应力腐蚀、晶间腐蚀和缝隙腐蚀等局部腐蚀。海洋大气的特点导致其腐蚀环境远比内陆大气环境恶劣，研究表明，海洋大气中的材料腐蚀速度相对于内陆大气要快4～5倍。

2. 浪溅区

浪溅区一般是指平均高潮位以上海浪飞溅所能润湿的区段。浪溅区除了海洋大气区中的腐蚀影响因素外，还受到海浪的冲击和潮水的浸泡，具有海盐粒子量更高，浸润时间更长，干湿交替频繁等特点。此区域的构件干湿交替频繁，由于波浪飞溅，海水与空气接触充分，海水含氧量达到最大程度，加剧了浪溅区的腐蚀，且波浪的冲击更加剧材料的破坏。此外，海水中的气泡对钢结构表面的保护膜及涂层来说具有较大的破坏性，漆膜在浪花飞溅区通常老化得更快。对钢结构及钢筋混凝土建筑物来说，浪溅区是所有海洋环境中腐蚀最严重的部位。

3. 水位变动区

水位变动区是指平均高潮位和平均低潮位之间的区域。该区特点是涨潮时被水浸没，退潮时又暴露在空气中，即干湿交替呈周期性的变化。水位变动区氧气扩散相对于浪溅区慢，建筑物表面的温度既受气温也受水温的影响，但通常接近海水的温度。在这一区域，建筑物处于干湿交替状态，淹没的时候产生海水腐蚀，物理冲刷及高速水流形成的空泡腐蚀作用导致腐蚀加速，退潮时产生湿膜下的同大气区类似的腐蚀。另外，海洋生物能够栖居在水位变动区内的建筑物表面上，附着均匀密布时能在钢表面形成保护膜减轻建筑物的腐蚀；局部附着时，会因附着部位的钢与氧难于接触而产生氧浓差电池，使得生物附着部位下面的钢产生强烈腐蚀。

4. 水下区

水下全浸区是指常年低潮线以下直至海床的区域，根据海水深度不同分为浅海区（低潮线以下 20～30m 以内）、大陆架全浸区（在 30～200m 水深区）、深海区（>200m 水深区）。三个区影响钢结构腐蚀的因素因水深而不同。在浅海区，具有海水流速较大、存在近海化学和泥沙污染、O_2 和 CO_2 处于饱和状态、生物活跃、水温较高等特点，该区腐蚀以电化学和生物腐蚀为主，物理化学作用为次。在大陆架全浸区，随着水的深度加大，含气量、水温及水流速度均下降，生物亦减少，钢腐蚀以电化学腐蚀为主，物理与化学作用为辅，腐蚀较浅海区轻；在深海区 $pH<8\sim8.2$，压力随水的深度增加，矿物盐溶解量下降，水流、温度充气均低，钢腐蚀以电化学腐蚀和应力腐蚀为主，化学腐蚀为次。在全浸区建筑物除了产生均匀腐蚀外，还会产生局部腐蚀，如孔蚀等。

5. 泥下区

泥下区主要是指海床以下部分。腐蚀环境十分复杂，既有土壤的腐蚀特点，又有海水的腐蚀行为。这一区域沉积物的物理性质、化学性质和生物性质都会影响腐蚀性。海底的沉积物通常均含有细菌，细菌作用产生的 NH_3 和 H_2S 等气体具有腐蚀性，硫酸盐还原菌会生成有腐蚀性的硫化物，加速钢铁的腐蚀。但泥下区含氧量少，建筑物腐蚀往往比海水中的缓慢。

6.1.3　腐蚀分区

海上风电机组基础结构通常由钢筋混凝土结构（重力式基础的墙身、胸墙以及群桩承台基础的承台等）和钢结构（导管架、钢管桩等）组成，容易受海水或带盐雾的海洋大气侵蚀。对于海上风电机组基础分区，应根据其预定功能和各部位所处的海洋环境条件进行划分。

1. 钢结构

根据《海上风电场钢结构防腐蚀技术标准》（NB/T 31006—2011），海上风电机组基

础中钢结构的暴露环境分为大气区、浪溅区、全浸区和内部区。大气区为浪溅区以上暴露于阳光、风、水雾及雨中的支撑结构部分。浪溅区为受潮汐、风和波浪（不包括大风暴）影响，支撑结构处于干湿交替状态下的部分。浪溅区以下部位为全浸区，包括水中和海泥中两个部分。内部区为封闭的不与外界海水接触的部分。其中，浪溅区上限 SZ_U 和下限 SZ_L 均以平均海平面计。浪溅区上限 SZ_U 计算公式为

$$SZ_U = U_1 + U_2 + U_3 \tag{6-1}$$

式中 U_1 ——0.6 $H_{1/3}$，$H_{1/3}$ 为重现期100年的有效波高的 $\frac{1}{3}$，m；

U_2 ——最高天文潮位，m；

U_3 ——基础沉降，m。

浪溅区下限 SZ_L 计算公式为

$$SZ_L = L_1 + L_2 \tag{6-2}$$

式中 L_1 ——0.4 $H_{1/3}$，$H_{1/3}$ 为重现期100年有效波高的 $\frac{1}{3}$，m；

L_2 ——最低天文潮位，m。

2. 混凝土结构

根据《海港工程混凝土结构防腐蚀技术规范》（JTJ 275—2000），海上风电机组基础混凝土结构部位划分为大气区、浪溅区、水位变动区、水下区和泥下区，具体划分见表6-1。

表 6-1 海上风电机组混凝土结构部位划分

划分类别	大气区	浪溅区	水位变动区	水下区	泥下区
按设计水位	设计高水位加（η_0+1.0m）以上	大气区下界至设计高水位减 η_0 之间	浪溅区下界至设计低水位减 1.0m 之间	水位变动区下界至海泥面	海泥面以下
按天文潮位	最高天文潮位加0.7倍百年一遇有效波高 $H_{1/3}$ 以上	大气区下界至最高天文潮水位减百年一遇有效波高 $H_{1/3}$ 之间	浪溅区下界至最低天文潮水位减0.2倍百年一遇有效波高 $H_{1/3}$ 之间	水位变动区下界至海泥面	海泥面以下

注：η_0 值为设计高水位时的重现期50年 $H_{1\%}$（波列累计率为1%的波高）波峰面高度。

6.2 海上风电机组基础的腐蚀类型及影响因素

6.2.1 钢结构的腐蚀类型及影响因素

6.2.1.1 钢结构腐蚀类型

钢结构的腐蚀是一个电化学过程，即钢材中的铁在腐蚀介质中通过电化学反应被氧化成正的化学价状态。组成钢结构的元素不是单一的金属铁，同时含有碳、硅、锰等合金元素和杂质，不同元素处在相同或不同介质中，其电极电位也不同，存在电位差，且钢材自身导电性好，这些条件导致腐蚀的发生。

在电化学腐蚀过程中，钢材中的铁元素作为腐蚀电池的阳极释放电子形成铁离子，经过一系列的反应最终形成铁锈。反应方程式如下：

阳极反应　　　　　　　$Fe-2e \longrightarrow Fe^{2+}$

阴极反应　　　$2H^{+}+2e \longrightarrow H_2$；$O_2+2H_2O+4e \longrightarrow 4OH^{-}$

上述反应生成的 $Fe(OH)_2$ 经过后续的一系列反应生成 $Fe(OH)_3$，最终脱水生成铁锈的主要成分 Fe_2O_3。铁锈疏松、多孔，体积约膨胀4倍。

腐蚀是材料在环境作用下发生变质并导致破坏的过程。钢结构的腐蚀将引起构件截面变小，承载力下降，最终导致破坏。钢结构腐蚀按照腐蚀形态可分为均匀腐蚀（或全面腐蚀）和局部腐蚀。

均匀腐蚀是指钢材与介质相接触的部位，均匀地遭到腐蚀损坏。这种腐蚀损坏的结果是使钢材尺寸变小和颜色改变。由于海洋钢结构的各部位是相对长期稳定的处于海洋环境各个区域内的，所以各部位的钢材都会出现程度不同的均匀腐蚀。腐蚀分布在整个钢结构的表面上，腐蚀的结果减薄了构件的厚度，降低了结构的强度。

局部腐蚀是指钢材与介质相接触的部位，遭到腐蚀破坏的仅是一定的区域（点、线、片）。局部腐蚀大多会导致结构的脆性破坏，降低结构的耐久性。局部腐蚀危害要比均匀腐蚀大。局部腐蚀按照腐蚀条件、机理和表现特征划分，主要有电偶腐蚀、缝隙腐蚀、点蚀和腐蚀疲劳等。这些腐蚀类型往往与材料、环境或结构设计等因素有关。

1. 电偶腐蚀

电偶腐蚀是指两种不同金属在同一种介质中接触，由于它们的腐蚀电位不同，形成了很多原电池，使电位较低的金属溶解速度加快，电位较高的金属，溶解速度反而减缓，就造成接触处的局部腐蚀。海水是一种强电解质，两种不同金属相连接并暴露在海洋环境中时，通常会发生严重的电偶腐蚀。侵蚀的程度部分取决于两种金属在海水中的电位序的相对差别，组成结构的金属之间电位差越大，则电偶中的阳极金属溶解速度越快。

2. 缝隙腐蚀

缝隙腐蚀是指金属与金属或金属与非金属之间形成特别小的缝隙，使缝隙内的介质处于滞流状态，参加腐蚀反应的物质难以向内补充，缝内的腐蚀产物又难以扩散出去。随着腐蚀不断进行，缝内介质组成、浓度、pH值等与整体介质的差异越来越大，此时缝内的钢表面腐蚀加速，缝外的钢表面腐蚀则相对缓慢，从而在缝内呈现深浅不一的蚀坑。由于设计上的不合理或加工工艺等原因，会使许多构件产生缝隙，如法兰连接面、螺母压紧面、焊缝气孔等与基体的接触面上会形成缝隙。另外，泥沙、积垢、杂屑、锈层和生物等沉积在构件表面上也会形成缝隙。

3. 点蚀

金属表面局部区域内出现向深处发展的腐蚀小孔称为点蚀。蚀孔一旦形成，具有“探挖”的动力，即孔蚀自动向深处加速进行，因此点蚀具有极大的隐患性及破坏性。点蚀可能是由分散的盐粒或大气污染物引起的，也可能是表面状态或冶金因素，如夹杂物、保护膜的破裂、偏析和表面缺陷等造成的。

4. 腐蚀疲劳

在循环应力或脉动应力和腐蚀介质的联合作用下，一些部位的应力会比其他部位高得多，加速裂缝的形成，称之腐蚀疲劳。海洋环境十分恶劣，海洋工程结构在腐蚀环境中承受海浪、风暴等交变荷载的作用，与惰性环境中承受交变荷载的情况相比，交变荷载与侵

蚀性环境的联合作用，往往会显著降低构件抗疲劳性能。因此，腐蚀疲劳是影响海洋工程结构安全的重要因素之一。腐蚀疲劳时，建筑物抗疲劳性能降低，已产生滑移的表面区域的溶解速度比非滑移区要快得多，出现的微观缺口会在更大的范围内产生进一步滑移运动，使局部腐蚀加快。这种交替的增强作用最终导致材料开裂。

5. 冲击腐蚀

钢材对海水的流速很敏感，当速度超过某一临界点时，便会发生快速的侵蚀。在湍流情况下，常有空气泡卷入海水中，夹带气泡的高速流动海水冲击金属表面时，保护膜可能被破坏，且金属可能受到局部腐蚀。金属表面的沉积物可促进局部湍流。当海水中有悬浮物时，则磨蚀和腐蚀所产生的交互作用比磨蚀与腐蚀单独作用的总和要严重得多。在某些情况下，这两种损坏方式都起作用，该类腐蚀具有明显的冲击流痕。

6. 空泡腐蚀

若周围的压力降低到海水温度下的海水蒸气压，海水就会沸腾。在高速状态下，实际上常观察到局部沸腾，蒸汽泡便形成了，但海水向下流到某处时气泡又会重新破裂。随着时间的推移，这些蒸汽泡破裂而造成反复抨击，促成建筑物表面的局部压缩破坏。碎片脱落后，新的活化建筑物便暴露在腐蚀性的海水中。因此，海水中的空泡腐蚀造成的损坏通常使建筑物既受机械损伤，又受腐蚀损坏，该类腐蚀多呈蜂窝状形式。

6.2.1.2 钢结构腐蚀影响因素

从腐蚀机理来看，海洋中钢结构腐蚀的影响因素主要有材料及其表面和环境因素等。

1. 材料及其表面因素

不同的钢材其耐腐蚀性不同，改变钢材中合金元素的含量是改善钢材耐腐蚀性的一个重要途径。研究表明铜、磷元素可改善钢材的耐腐蚀性。相同的钢材其表面状态不同，产生的腐蚀也不同，粗糙、不平整的表面要比光滑表面更容易腐蚀。

2. 环境因素

海洋环境中，影响钢结构腐蚀的主要因素有大气湿度、温度、含氧量、污染、流速、海生物污损等。上述因素之间是相互影响的，在一定条件下，任何一种因素都会成为影响钢结构腐蚀的控制因素。

(1) 大气湿度及温度对钢结构腐蚀的影响。相对于内陆普通大气区，海洋大气区具有湿度大、盐分高及温度高等特点。钢材在干燥的环境中一般难以发生腐蚀，大气相对湿度直接影响钢结构表面水膜的形成，只有当大气相对湿度达到钢材临界腐蚀湿度时，大气中的水分才能在钢材表面凝聚成水膜，大气中的氧通过水膜进入钢材表面发生大气腐蚀。环境的温度将影响钢材表面水蒸气凝聚、水膜中各种腐蚀气体和盐类的溶解度、水膜电阻及腐蚀电池中阴、阳过程的反应速度等。一般认为，当大气的相对湿度低于钢材临界腐蚀湿度时，温度对大气腐蚀的影响很小。一旦达到钢材的临界腐蚀湿度，温度的影响十分明显。

(2) 海水温度和含氧量对钢结构腐蚀的影响。随着海水中溶解氧的浓度增大，氧的极限扩散电流密度增大，腐蚀速度也随之增大。海水的温度升高使溶解氧的扩散系数增大，加速腐蚀过程。一般情况下，表面海水中的溶解氧浓度处于饱和状态，随着水深加大，海水中的含氧量减少。深海区由于海水中的含氧量少，所以钢结构的腐蚀速率较慢。

(3) 海水流速对钢结构腐蚀的影响。海水流速对钢结构腐蚀有较大影响。通常情况下，流速增加，可使扩散厚度减小，氧的极限扩散电流增加，导致腐蚀速度增大。钢材对海水的流速很敏感，当速度越过某一临界点时，便会发生快速的侵蚀。磨蚀和腐蚀所产生的交互作用比磨蚀与腐蚀单独作用的总和还严重得多。

(4) 海生物污损对钢结构腐蚀的影响。当海生物较多时，海生物污损物对钢结构腐蚀的影响起控制作用。海洋生物附着均匀密布时能在钢表面形成保护膜减轻建筑物的腐蚀。局部附着时，会因附着部位的钢与氧难以接触，而产生氧浓差电池，使得生物附着部位下面的钢产生强烈腐蚀。

6.2.2 混凝土结构的腐蚀类型及影响因素

6.2.2.1 混凝土结构腐蚀类型

海洋环境中混凝土结构腐蚀的主要类型有氯离子侵蚀、碳化侵蚀、镁盐硫酸盐侵蚀及碱—骨料反应等。其中氯离子侵蚀导致的钢筋锈蚀是钢筋混凝土结构耐久性退化的最主要原因，其所造成的破坏和损失也是最严重的。

1. 氯离子侵蚀

海水中的氯离子是一种穿透力极强的腐蚀介质，比较容易渗透进入混凝土内部，到达钢筋钝化膜的表面，取代钝化膜中的氧离子，造成钝化膜的破坏。在氧和水充足的条件下，活化的钢筋表面形成一个小阳极，大面积钝化膜区域作为阴极，导致阳极金属铁快速溶解，形成腐蚀坑，一般称这种腐蚀为“点蚀”。点蚀形成的 $Fe(OH)_3$ 若继续失水就形成水化物红锈，一部分氧化不完全的变成 Fe_3O_4（即为黑锈），在钢筋表面形成锈层，腐蚀将不断向内部发展。铁锈疏松、多孔，体积约膨胀 4 倍，膨胀后破坏混凝土的保护层，加剧腐蚀的速度。

2. 碳化侵蚀

大气中的 CO_2 会通过混凝土微孔进入混凝土内部，与混凝土中的 $Ca(OH)_2$ 反应生成 $CaCO_3$，破坏混凝土的碱性环境，影响钝化膜的保持，最后 $CaCO_3$ 又与 CO_2 作用转化为易溶于水的 $Ca(HCO_3)_2$ 并不断流失，导致混凝土密实度减小，混凝土的强度降低，也增加钢筋腐蚀，反应方程式为

$$CO_2 + H_2O = H_2CO_3$$

$$H_2CO_3 + Ca(OH)_2 = CaCO_3 + 2H_2O$$

$$CaCO_3 + CO_2 + H_2O = Ca(HCO_3)_2$$

3. 镁盐硫酸盐侵蚀

硫酸盐侵蚀是一种常见的化学侵蚀形式。海水中的硫酸盐与混凝土中的 $Ca(OH)_2$ 起置换作用而生成石膏，使混凝土变成糊状物或无黏结力的物质，反应方程式为

$$SO_4^{2-} + Ca(OH)_2 + 2H_2O \longrightarrow CaSO_4 \cdot 2H_2O + 2OH^-$$

生成的石膏在水泥石中的毛细孔内沉积、结晶，引起体积膨胀，使混凝土开裂，破坏钢筋的保护层。同时，所生成的石膏还与混凝土中固态单硫型水化硫铝酸钙和水化铝酸钙作用生成三硫型水化硫铝酸钙，反应方程式为

$$3CaO \cdot Al_2O_3 \cdot CaSO_4 \cdot 19H_2O + 2CaSO_4 \cdot 2H_2O + 8H_2O \longrightarrow 3CaO \cdot Al_2O_3 \cdot 3CaSO_4 \cdot 31H_2O$$

$$4CaO \cdot Al_2O_3 \cdot 19H_2O + 3CaSO_4 \cdot 2H_2O \longrightarrow 3CaO \cdot Al_2O_3 \cdot 3CaSO_4 \cdot 31H_2O + Ca(OH)_2$$

生成的三硫型水化硫铝酸钙含有大量的结晶水，其体积比原来增加1.5倍以上，产生局部膨胀压力，使混凝土结构胀裂，导致混凝土强度下降且破坏保护层。

此外，海水中的Mg^{2+}能与混凝土中的成分产生阳离子交换，混凝土中硅酸盐矿物水化生成水化硅酸钙凝胶。水化硅酸钙凝胶处于不稳定状态，易分解出$Ca(OH)_2$，破坏水化硅酸钙凝胶的胶凝性，造成混凝土的溃散。新生成物不再能起到“骨架”作用，使混凝土的密实度降低或软化。反应方程式为

$$Mg^{2+} + Ca(OH)_2 \longrightarrow Ca^{2+} + Mg(OH)_2$$

$$Mg^{2+} + C-S-H \longrightarrow Ca^{2+} + M-S-H$$

4. 混凝土的碱—骨料反应

碱—骨料反应主要是指混凝土中的OH^-与骨料中的活性SiO_2发生化学反应，生成一种含有碱金属的硅凝胶。这种硅凝胶具有强烈的吸水膨胀能力，使混凝土发生不均匀膨胀，造成开裂、导致强度和弹性模量下降等不良现象，从而影响混凝土的耐久性。

6.2.2.2 混凝土结构腐蚀影响因素

影响混凝土结构腐蚀的因素主要包括混凝土材料特性、环境因素、保护层厚度以及结构类型等。

1. 混凝土材料特性

混凝土是由水泥、水和骨料经搅拌、浇筑和硬化而形成的一种水硬性建筑材料。水泥作为混凝土的胶结材料，其物质组成和特性直接影响到混凝土的耐久性。

2. 环境因素

海洋工程中的钢筋混凝土结构腐蚀的环境因素主要有酸侵蚀、Cl^-及SO_4^{2-}的影响、Mg^{2+}腐蚀、环境条件等。

(1) 酸侵蚀。工业污染排放的SO_2、H_2S、CO_2等酸性气体与水泥水化过程产生的$Ca(OH)_2$、$CaSiO_4$等碱性物质相互作用，导致pH值降低和混凝土粉化。

(2) Cl^-及SO_4^{2-}的影响。环境中的Cl^-及SO_4^{2-}是破坏混凝土结构的重要因素。它们渗入后与混凝土中的C_3A反应，生产比反应物体积大几倍的结晶化合物，造成混凝土的膨胀破坏。

(3) Mg^{2+}腐蚀。海水中的$MgCl_2$和$MgSO_4$与混凝土中的$Ca(OH)_2$反应，产生不可溶的$Mg(OH)_2$，使混凝土中的碱度降低。并与铝胶、硅胶缓慢反应，使水泥粘结力减弱，导致混凝土强度降低。

(4) 环境条件。环境温度、湿度、干湿交替和冻融循环等都严重影响混凝土的耐久性。当温度高于40℃，湿度大于90%时将加速混凝土的破坏。

3. 混凝土保护层厚度

混凝土保护层厚度对于阻止腐蚀介质接触钢筋表面起着重要作用。相关试验研究表明，当混凝土保护层厚度从30mm增大到40mm时，在6次干湿循环作用之后，重量损失率和腐蚀率都将减少91%左右。图6-1给出了混凝土保护层厚度与混凝土中NaCl的含量之间的关系。从图6-1中可以发现，混凝土中NaCl的含量将随保护层厚度的增大而迅速降低。

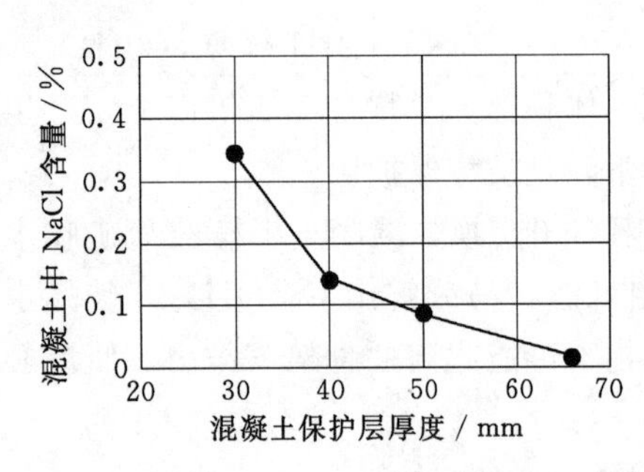

图6-1　混凝土保护层厚度与混凝土中 NaCl 含量之间的关系

4. 结构类型

混凝土结构宜尽量采用整体浇筑，少留施工缝。设计中应严格控制混凝土裂缝开展宽度，防止裂缝开展宽度过宽导致钢筋锈蚀。另外，应尽可能避免出现凹凸部位，这些部位的混凝土很难压实，且这些部位很容易受到冰冻和腐蚀的作用。

5. 钢筋锈蚀

钢筋锈蚀是混凝土结构耐久性退化的最主要原因，它所造成的破坏和损失也是最严重的。海水中的 Cl^- 比较容易渗透进入混凝土内部，到达钢筋钝化膜的表面，取代钝化膜中的氧离子，造成钝化膜的破坏，使原来被钝化膜保护着的金属基体暴露出来。金属基体不同部位由于接触到的氧气、Cl^- 等浓度不同，会产生"浓差电池"。处于相同外界环境中的金属基体表面上也存在着许多微小的"腐蚀电池"，在这些电化学电池的作用下，腐蚀电池的阳极被氧化，造成钢筋的腐蚀。此外，大气中的 CO_2 会通过混凝土微孔进入混凝土内部，与混凝土中的 $Ca(OH)_2$ 反应生成 $CaCO_3$，破坏混凝土的碱性环境，影响钝化膜的保持，加速钢筋腐蚀。钢筋一旦被腐蚀，产生腐蚀产物，就会造成体积膨胀，给结构造成破坏。其主要破坏特征可归纳如下。

(1) 混凝土顺钢筋开裂。混凝土具有较好的抗压性能，但其抗折、抗裂性差，尤其钢筋表面混凝土保护层缺乏足够的厚度时，钢筋锈蚀产物带来的体积膨胀足以使钢筋表面混凝土顺钢筋开裂。大量试验研究和工程实践表明，即使钢筋表面锈层厚度很薄（如 20～40μm）也可导致混凝土顺钢筋开裂。混凝土开裂后，腐蚀介质更容易到达钢筋表面，钢筋锈蚀的速度将会大大加快，甚至可能快于裸露于大气中的钢筋。

(2) "握裹力"下降与丧失。混凝土刚发生顺钢筋开裂时，结构的物理力学性能、承载能力等变化不明显。随着裂缝的不断加宽，混凝土与钢筋之间的粘结力开始下降，导致滑移增大、构件变形。当"握裹力"丧失到一定限度时，局部或整体失效便会发生。

(3) 钢筋断面损失。混凝土中的钢筋锈蚀，可分为局部腐蚀和全面腐蚀（均匀腐蚀）。锈蚀常常造成钢筋断面损失，当损失率达到一定程度时，构件便会发生破坏。

(4) 钢筋应力腐蚀断裂。处在应力状态下的钢筋，在遭受腐蚀时有可能发生突然断裂。应力腐蚀断裂可在钢筋未见明显锈蚀的情况下发生，断裂时钢筋属于脆断。这是"腐蚀"与"应力"相互促进的结果：应力使钢筋表面产生微裂纹，腐蚀沿裂纹深入，应力再促进裂纹开展。如此周而复始，直到突然断裂。

6.3　海上风电机组基础的防腐蚀措施及要求

6.3.1　钢结构的防腐蚀措施及要求

6.3.1.1　钢结构防腐蚀措施

海上风电机组基础钢结构防腐蚀可采用涂料保护、热喷涂金属涂层保护、阴极保护、

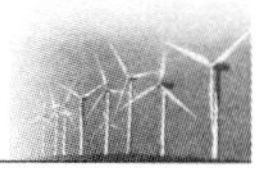

增加腐蚀裕量以及阴极保护与涂层联合保护等措施。

1. 涂料保护

涂料保护是在钢材表面喷（涂）防腐蚀涂料或油漆涂料，防止环境中的水、氧气和氯离子等各种腐蚀性介质渗透到金属表面，使环境中的氧气和水等腐蚀剂与金属表面隔离，从而防止金属的腐蚀。同时，由于在涂层中添加了阴极性金属物质和缓蚀剂，可利用它们的阴极保护作用和缓蚀作用，进一步加强了涂层的保护性能。海上风电机组基础钢结构涂层配套推荐方案可按照表 6-2 选用。

表 6-2　涂层配套推荐方案

环境区域	配套涂层	涂料类型	涂层道数	干膜厚度/μm	涂层系统干膜厚度/μm
大气区	底层	有机富锌、无机富锌	1～2	≥60	≥320
	中间层	环氧类	2～3	≥160	
	面层	聚氨酯类、丙烯酸类、氟树脂类	1～2	≥100	
浪溅区	底层	有机富锌、无机富锌	1～2	≥60	≥560
	中间层和面层	环氧类	≥3	≥500	
全浸区	底层	有机富锌、无机富锌	1～2	≥60	≥460
	中间层和面层	环氧类	≥2	≥400	
内部区	底层	有机富锌、无机富锌	1～2	≥60	≥240
	中间层和面层	环氧类	2～3	≥180	

涂层（底层、中间层、面层）之间应具有良好的匹配性和层间附着力。后道涂层对前道涂层应无咬底现象，各道涂层之间应有相同或相近的热膨胀系数。涂层体系性能应满足表 6-3 的要求。

表 6-3　涂层体系性能要求　　单位：h

腐蚀环境	耐盐水试验	耐湿热试验	耐盐雾试验	耐老化试验
内部区	—	—	1000	800
大气区	—	4000	4000	4200
浪溅区	4200	4000	4000	4200
全浸区	4200	4000	—	—

注：1. 耐盐水性能涂层试验后不生锈、不起泡、不开裂、不剥落，允许轻微变色和失光。
2. 人工加速老化性能涂层试验后不生锈、不起泡、不剥落、不开裂，允许轻度粉化和 3 级变色、3 级失光。
3. 耐盐雾性涂层试验后不起泡、不剥落、不生锈、不开裂。

涂层受环境破坏的形式主要是失光、变色、粉化、鼓泡、开裂和溶胀等，究其原因主要是由于涂层本身性能、环境条件及施工因素的影响。要确保涂层防腐蚀效果，必须做到以下方面：

（1）严格的涂层前表面处理质量控制。钢结构实施涂料保护前应进行包括预处理、除油、除盐分、除锈和除尘等程序的表面处理：采用刮刀或砂轮机除去焊接飞溅物，对表面层叠、裂缝、夹杂物等进行打磨处理；采用清洁剂对表面油污进行低压喷洗或软刷刷洗，并用洁净淡水冲洗掉所有残余物；除锈前钢材表面可溶性氯化物含量不大于70mg/m²；采用磨料喷射清理方法除锈时，钢结构表面处理等级和表面粗糙度应满足一定要求；喷射处理完后，需用真空吸尘器或压缩空气清理表面灰尘和残渣。

（2）正确的涂层品种的选择。在海洋环境中，根据不同的部位、不同金属构件、不同的施工环境，正确选用不同的涂层品种，是保证防腐蚀效果的另一个主要因素。大气区采用的面漆涂料应具有良好的耐候性。浪溅区采用的涂料应具有良好的耐水性和抗冲刷性能。全浸区采用的涂料应具有良好的耐水性和耐阴极剥离性能。

（3）规范的涂装施工和严格的涂层质量检测。性能优良的涂层，必须经过合理的涂装工艺涂覆在产品或构件上形成优质涂层，才能表现出良好的应用性能。涂层质量（也称涂装质量）的优劣，直接关系到产品构件本身的质量及其经济价值。要保证涂层质量优良，既要求涂层本身质量好，又要求涂装方法恰当和涂装工艺合理。此外，还必须拥有先进、准确的检测仪器和可靠的检测方法，对涂装作业中的每一个重要环节进行检测，以控制涂层质量达到规定的性能要求，从而保证涂层产品和构件的质量及经济价值。

2. 阴极保护

阴极保护是向被保护金属施加一定的直流电，使被保护的金属成为阴极而得到保护的方法。根据所提供的直流电的方式不同，可分为牺牲阳极保护法和强制电流法。牺牲阳极保护法就是选择电位较低的金属材料，在电解液中与保护的金属相连，依靠其自身腐蚀所产生的电流来保护其他金属的方法。这种为了保护其他金属而自身被腐蚀溶解的金属或合金，被称为牺牲阳极。常用的有铝合金、锌合金、镁合金等。强制电流法是通过外加电流来提供所需要的保护电流，从而使被保护金属受到保护的方法。使用强制电流阴极保护时，应尽量减少施工期内钢结构的腐蚀。强制电流阴极保护宜与涂料保护联合使用。牺牲阳极阴极保护可单独使用，也可与涂料联合使用。阴极保护可能会导致高应力高强钢的氢脆开裂。高强结构钢构件采用阴极保护时，宜使用涂料或热喷涂金属联合保护以降低氢脆危险。两种阴极保护方法的比较如表6-4所示。

表6-4　两种阴极保护方法的比较

种类	优　点	缺　点
牺牲阳极法	不需要外加电流，安装方便，结构简单，安全可靠，电位均匀，平时不用管理，一次性投资小	保护周期较短，需定期更换
强制电流法	电位、电流可调，可实现自动控制，保护周期较长，辅助阳极排流量大而安装数量少	一次性投资较大，设备结构较复杂，需要管理维护

（1）阴极保护主要参数如下：

1）保护电位。保护电位是指阴极保护时使金属停止腐蚀所需的电位值。为了使腐蚀完全停止，必须使被保护的金属电位极化到阳极“平衡”电位。对于钢结构来说这一电位就是铁在给定电解液溶液中的平衡电位。

保护电位的值有一定范围，保护电位值常作为判断阴极保护是否完全的依据。通过测量被保护的各部分的电位值，可以了解保护的情况，所以保护电位值是设计和监控阴极保护的一个重要指标。海上风电机组基础钢结构保护电位应符合表6-5的规定。

表 6-5 阴 极 保 护 电 位

环　境、材　质			保护电位相对于 Ag/AgCl 海水电极/V	
			最正值	最负值
碳钢和低合金钢	含氧环境		−0.80	−1.10
	缺氧环境（有硫酸盐还原菌腐蚀）		−0.90	−1.10
不锈钢	奥氏体	耐孔蚀指数≥40	−0.30	不限
		耐孔蚀指数<40	−0.60	不限
	双相钢		−0.60	避免电位过负
高强钢（$\sigma_s \geqslant 700$MPa）			−0.80	−0.95

注： 强制电流阴极保护系统辅助阳极附近的阴极保护电位可以更负一些。

2）保护电流密度。阴极保护时，使金属的腐蚀速度降到安全标准所需要的电流密度值，称为最小保护电流密度。最小保护电流密度值是与最小保护电位相对应的，要使金属达到最小保护电位，其电流密度不能小于该值，否则金属就达不到满意的保护。如果所采用的电流密度远超过该值，则有可能发生“过保护”，出现电能消耗过大、保护作用降低等现象。阴极保护设计时，应确定钢结构初期极化需要的保护电流密度、维持极化需要的平均保护电流密度和末期极化需要的保护电流密度。无涂层钢常用保护电流密度值见表6-6。

表 6-6 无涂层钢常用保护电流密度参考值

环境介质	保护电流密度/(mA·m^{-2})		
	初始值	维持值	末期值
海水	150～180	60～80	80～100
海泥	25	20	20
海水混凝土或水泥砂浆包覆	10～25		

有涂层钢保护电流密度的计算公式为

$$i_c = i_b f_c \tag{6-3}$$

式中　i_c——有涂层钢的保护电流密度，mA/m^2；

i_b——无涂层钢的保护电流密度，mA/m^2；

f_c——涂层的破损系数，$0 < f_c \leqslant 1$。

常规涂料初期涂层破损系数为：水中1%～2%，泥中25%～50%。涂层破损速率为每年增加1%～3%。

（2）牺牲阳极阴极保护。牺牲阳极材料在使用期内应能保持表面的活性，溶解均匀、腐蚀产物易于脱落，理论电容量大，易于加工制造，材料来源充足、价格低廉等特点。常用的牺牲阳极材料有铝基、锌基和镁基合金。铝合金适用于海水和淡海水环境，锌合金适用于海水、淡海水和海泥环境，镁合金适用于电阻率较高的淡水和淡海水环境。牺牲阳极材料对环境的适用性参见表6-7，设计时可根据环境介质条件和经济因素选择适用的阳极材料。

表6-7　牺牲阳极材料适用的环境介质

阳极材料	环境介质	适用性
铝合金	海水、淡海水（电阻率小于500Ωcm）	可用
	海泥	慎用
锌合金	海水、淡海水（电阻率小于500Ωcm）	可用
	海泥中	可用

牺牲阳极要有足够负的电位，不仅要有足够负的开路电位，而且要有足够负的工作电位，并能与被保护金属之间产生较大的驱动电位。另外，要求牺牲阳极本身极化小，电位稳定。牺牲阳极阴极保护法的主要技术要求如下：

1）牺牲阳极的几何尺寸和重量应能满足阳极初期发生电流、末期发生电流和使用年限的要求。

2）牺牲阳极应通过铁芯与钢结构短路连接，铁芯结构应能保证在整个使用期与阳极体的电连接，并能承受自重和使用环境所施加的荷载。

3）牺牲阳极阴极保护所需的阳极数量、重量、表面积必须同时满足初期电流、维护电流及末期电流的需求。

4）牺牲阳极的布置应使被保护钢结构的表面电位均匀分布，宜采用均匀布置；牺牲阳极不应安装在钢结构的高应力和高疲劳区域。牺牲阳极的顶高程应至少在最低水位以下1.0m，底高程应至少高于泥面以上1.0m。

5）当牺牲阳极紧贴钢结构表面安装时，阳极背面或钢表面应涂覆涂层或安装绝缘屏蔽层。

6）牺牲阳极的连接方式宜采用焊接，也可采用电缆连接和机械连接；采用机械连接时，应确保牺牲阳极在使用期内与被保护钢结构之间的连接电阻不大于0.01Ω；采用焊接法连接时，焊接应牢固，焊缝饱满、无虚焊。

（3）强制电流保护。强制电流保护将外设供电电源的负极连接到被保护钢结构上，正极安装在钢结构外部，并与其绝缘。电路接通后，电流从辅助阳极经海水至钢结构形成回路，钢结构阴极极化得到保护。强制电流阴极保护系统一般包括辅助阳极、供电电源、参比电极、电缆、阳极屏蔽层和监控设备等。

1）辅助阳极。在强制电流保护系统中，与供电电源正极连接的外加电极称之为辅助阳极，其作用是使电流从电极经介质到被保护体表面。辅助阳极材料的电化学性能、力学性能、工艺性能及阳极结构的形状、大小、分布与安装等，对其寿命和保护效果都有影响。辅助阳极的规格，应根据钢结构的结构型式，以及辅助阳极允许的工作电流密度、输出电流和设计使用年限等进行设计。辅助阳极应以均匀布置为原则，确保钢结构各部位电流分布均匀。辅助阳极应安装牢固，不得与被保护钢结构之间产生短路。

2）供电电源。强制电流阴极保护系统中所使用的供电电源，可选用恒电位仪或整流器。当输出电流变化比较大时宜选用恒电位仪。供电电源应能满足长期不间断供电要求。供电不可靠时，应配备备用电源或不间断供电设备。电源设备应具有可靠性高、维护简便，输出电流和电压连续可调，并具有抗过载、防雷、抗干扰和故障保护等功能。

电源设备功率的计算公式为

$$P = \frac{IU}{\eta} \tag{6-4}$$

式中 P——电源设备的输出功率，W；

U——电源设备的输出电压，V；

I——电源设备的输出电流，A；

η——电源设备的效率，一般取0.7。

电源设备输出电压的计算公式为

$$U = I(R_a + R_L + R_C) \tag{6-5}$$

式中 U——电源设备的输出电压，V；

I——电源设备的输出电流，A；

R_a——辅助阳极的接水电阻，Ω；

R_L——导线电阻，Ω；

R_C——阴极过渡电阻，Ω。

3）参比电极。在强制电流阴极保护系统中，参比电极被用来测量被保护体的电位，并向控制系统传递信号，以便调节保护电流的大小，使结构的电位处于给定范围。参比电极应具有极化小、稳定性好、不易损坏、使用寿命长和适用环境介质等特性。采用恒电位控制时，每台电源设备应至少安装一个控制用参比电极。采用恒电流控制时，每台电源设备应至少安装一个测量用参比电极。参比电极应安装在钢结构表面距辅助阳极较近和较远的位置。常用参比电极性能见表6-8。

表6-8 常用参比电极性能

种类	电极电位（25℃海水）/V	钢保护电位（25℃海水）/V	生产工艺	稳定性	极化性能	寿命/年	用途
银/氯化银	0.085	-0.798	复杂	稳定	不易极化（<5.7μA/cm²）	5～10	用于海水中外加电流设备
铜/氯化铜	0.074	-0.854	简单	较稳定	不易极化	2～3	手提式，用于现场测量

3. 热喷涂金属保护

热喷涂金属保护系统包括金属喷涂层和封闭剂或封闭涂料，复合保护系统还包括涂装涂料。热喷涂金属保护方法具有对钢结构尺寸、形状适应性强等特点，在海洋环境中有着较为突出的防腐蚀性能。根据热源的不同，热喷金属涂层分为利用氧一乙炔焰的火焰热喷、利用等离子焰流的等离子喷涂、利用电弧的电弧热喷涂及利用爆炸波的爆炸喷涂等4种方法。热喷涂金属材料可选用锌、锌合金、铝和铝合金材料。海上风电机组基础钢结构热喷涂锌及锌合金可采用火焰喷涂或电弧喷涂，热喷涂铝及铝合金宜采用电弧喷涂。

热喷涂铝、锌涂层对钢结构的防腐作用主要如下。

（1）热喷涂层与涂层一样起着物理覆盖作用。由于热喷涂层经涂料封闭后形成的复合涂层致密完整，可较好地将钢铁基体与水、空气和其他介质隔离开。而铝、锌本身的耐腐蚀性要远远好于钢铁，且寿命高于防护涂层，因此这种覆盖屏蔽作用比涂料更高。

（2）由于铝、锌的电极电位比钢铁低，在介质中当铝、锌涂层局部损失或有孔隙时，铝锌涂层为阳极，钢铁基体为阴极，铝锌涂层作为牺牲阳极，而使钢铁基体得到保护。

（3）热喷铝、锌涂层与钢铁基体的结合是半熔融的冶金结合，其结合力大大高于防护涂层与钢铁基体的结合力。且封闭涂料能牢牢地抓附在孔隙及粗糙的喷涂层上，因而热喷涂层与封闭涂料所组成的复合涂层不易剥落，进一步增强了防腐效果。

热喷涂金属保护方法的主要要求如下：实施热喷涂金属保护前，应对海上风电机组基础钢结构进行包括预处理、除油、除盐分、除锈和除尘等程序的表面处理：采用刮刀或砂轮机除去焊接飞溅物，对表面层叠、裂缝、夹杂物等进行打磨处理；采用清洁剂对表面油污进行低压喷洗或软刷刷洗，并用洁净淡水冲洗掉所有残余物；除锈前钢材表面可溶性氯化物含量不大于70mg/m^2；采用磨料喷射清理方法除锈，钢结构表面处理等级和表面粗糙度应满足一定要求；喷射处理完后，需用真空吸尘器或压缩空气清理表面灰尘和残渣。热喷涂金属丝应光洁、无锈、无油、无折痕，宜选用直径为2.0mm或3.0mm的线材。热喷涂涂层表面宜进行封闭处理并涂装涂料。封闭剂和涂装涂料应与热喷涂涂层相容。封闭剂宜使用黏度小、易渗透、成膜物中固体含量高，能够使热喷涂涂层表面发生磷化的活性涂料或其他合适的涂料。涂料涂层的厚度宜为240～320μm。

4. 腐蚀裕量

腐蚀裕量是在设计钢结构时，考虑使用期内可能产生的腐蚀损耗而增加的相应厚度。对于海上风机基础钢结构，处于浪溅区的钢结构应适当增加腐蚀裕量。此外，因结构复杂而无法保证阴极保护电流连续性要求的钢结构，也应采取增加腐蚀富裕量或其他措施。腐蚀裕量应根据工程所在地钢的腐蚀速度，以及结构的维修周期和维修方式确定。钢结构不同部位的单面腐蚀裕量的计算公式为

$$\Delta\delta = K[(1-P)t_1 + (t-t_1)] \tag{6-6}$$

式中　$\Delta\delta$——钢结构单面腐蚀裕量，mm；

K——钢结构单面平均腐蚀速度，mm/a；

P——保护效率，%；

t_1——防腐蚀措施的设计使用年限，a；

t——钢结构的设计使用年限，a。

钢结构的单面平均腐蚀速度可按表6-9选取。

表6-9　钢的单面平均腐蚀速度　　单位：mm/a

区域		平均腐蚀速度
大气区		0.05～0.10
浪溅区		0.40～0.50
全浸区	水下	0.12
	泥下	0.05
内部区		0.01～0.10

注：1. 表中平均腐蚀速度适用于pH=4～10的环境条件，对有严重污染的环境，应适当加大。
2. 对年平均气温高、波浪大、流速大的环境，应适当加大。

6.3.1.2 钢结构防腐蚀要求

海上风电机组基础钢结构的防腐蚀设计应从结构整体考虑，根据结构的部位、保护年限、施工、维护管理、安全要求及技术经济效益等因素，采取相应的防腐蚀措施。海上风电机组基础钢结构可采用但不限于增加腐蚀裕量、涂层保护、热喷涂金属涂层保护、阴极保护以及阴极保护与涂层联合保护等防腐蚀措施，防腐蚀系统的设计使用年限应考虑风力发电机组的设计使用年限，一般不宜小于 15 年。具体要求如下。

（1）大气区宜采取涂料保护或热喷涂金属保护。大气区应采取用管型构件代替其他形状构件、金属构件组合在一起时采用密封焊缝和环缝，以及尽量避免配合面和搭接面等措施，减少需要保护的钢表面积，并易于涂层施工。同时，设置涂层维修时搭设脚手架用的系缆环。

（2）浪溅区应增加腐蚀裕量。宜采取热喷涂金属保护或涂料保护，或采取经实践证明防腐效果优异的防腐蚀措施，如包覆耐蚀合金、硫化氯丁橡胶等。

（3）全浸区应采取阴极保护或阴极保护与涂料联合保护。采用阴极保护与涂料联合保护时，海底泥面以下 3m 范围内可不采取涂料保护。没有氧或氧含量低的密封桩的内壁可不采取防腐蚀措施。因结构复杂而无法保证阴极保护电流连续性要求的钢结构，应采取增加腐蚀裕量或其他措施。

（4）内部区有海水时，与海水接触的部位宜采取阴极保护或阴极保护与涂料联合保护，水线附近和水线以上部位宜采取涂料保护。内部区没有海水时，宜采取涂料保护措施。内部区浇筑混凝土或填砂时，可不采取防腐蚀措施。

6.3.2 混凝土结构的防腐蚀措施及要求

6.3.2.1 混凝土结构防腐蚀措施

混凝土结构腐蚀防护方法应针对结构预定功能和所处环境采用以下措施：①选择合理的结构型式和施工，避免结构型式成锈蚀通道；②改善混凝土自身性能，采用抗腐蚀性和抗渗性良好的优质混凝土、高性能混凝土，以改善混凝土工作性能；③根据不同的环境，适当增加混凝土保护层厚度；④采用混凝土表面涂层、混凝土表面硅烷浸渍、环氧涂层钢筋及钢筋阻锈剂等特殊防腐蚀方法。

1. 合理的结构设计和施工

合理设计结构型式和构造是防腐蚀的基本措施，海洋工程中的混凝土结构型式应根据结构功能和环境条件进行选择。主要归纳如下：

（1）为减少与海水接触或被浪花飞溅的范围，尽量选择大跨度的布置方案。

（2）选择合适的结构型式，构件截面几何形状应简单、平顺，尽量减少棱角或突变，避免应力集中，尽可能减少混凝土表面裂缝。

（3）处理好构件的连接和接缝，对支座和预应力锚固等可能产生应力集中部位，采取相应结构措施避免混凝土受拉；在设计中，应尽可能避免结构出现凹凸部位。混凝土连接点处的施工应加倍小心，混凝土结构的质量应严格控制。腐蚀最容易发生在梁板、混凝土连接点处、结构的凹凸部位、承受高静荷载或冲击荷载处、浪溅区以及结构的冰冻区域，应加强这些部位以保护钢筋免受腐蚀。

(4) 构件的连接和接缝（如施工缝）应做仔细处理，使连接混凝土的强度不低于本体混凝土强度。不宜在浪溅处安排施工缝。为了保证混凝土尤其是钢筋周围的混凝土能浇注均匀和捣实，钢筋间距不宜小于50mm，必要时可考虑并筋。构件中受力钢筋和构造钢筋宜构成闭口钢筋笼，以增加结构的坚固和耐久性。

2. 混凝土自身性能改善

混凝土是一种多孔材料，各种有害物质可以从孔隙中渗入混凝土内部造成危害。为了提高混凝土结构的耐久性，可以通过优化配合比，减小水灰比降低用水量，最大限度地保证混凝土自身密实度完好，提高混凝土本身的抗氯离子渗透性能和密实性，减少裂纹的发生。采用优质混凝土或高性能混凝土，提高混凝土密实度和抗渗性。

(1) 混凝土原材料的选择。水泥是混凝土的胶结材料。水泥石一旦遭受腐蚀，水泥砂浆和混凝土的性能将大幅降低。海洋工程中宜采用硅酸盐水泥、普通硅酸盐水泥、矿渣硅酸盐水泥、火山灰质硅酸盐水泥。不得使用立窑水泥和烧黏土质的火山灰质硅酸盐水泥。普通硅酸盐水泥和硅酸盐水泥的熟料中铝酸三钙含量宜控制在6%～12%的范围内。当采用矿渣硅酸盐水泥、粉煤灰硅酸盐水泥、火山灰质硅酸盐水泥时，宜同时掺加减水剂或高效减水剂。

粗、细集料的耐蚀性和表面性能对混凝土的耐腐蚀性能具有很大影响。海洋工程中的混凝土骨料应选用质地坚固耐久，具有良好级配的天然河砂、碎石或卵石。发生碱—骨料反应的必要条件是碱、活性骨料和水，海洋工程中细骨料不宜采用海砂，不得采用可能发生碱—骨料反应的活性骨料。

拌和水宜采用城市供水系统的饮用水。由于海水中含有硫酸盐、镁盐和氯化物，除了对水泥石有腐蚀作用外，对钢筋的腐蚀也有影响，因此不得采用海水拌制和养护混凝土。拌和用水的氯离子含量不宜大于200mg/L。

(2) 混凝土配合比设计。在保证混凝土满足强度和泵送施工要求下，减小水灰比，使拌和用水最少，并通过掺入膨胀剂、粉煤灰、高炉矿渣、微硅粉等多种掺合料，来提高混凝土性能，如高密实度、低渗透性以及抵抗腐蚀的能力。使用减水剂、早强剂、加气剂、阻锈剂、密实剂、抗冻剂等外加剂，提高混凝土密实性或对钢筋的阻锈能力，从而提高混凝土结构的耐久性。

(3) 高性能混凝土。高性能混凝土是在大幅度提高普通混凝土性能的基础上，采用现代混凝土技术制作的混凝土。它以耐久性作为设计的主要指标，针对不同用途要求，对耐久性、工作性、适用性、强度、体积稳定性和经济性等性能重点予以保证。与普通混凝土相比，高性能混凝土不仅要求具有较高的强度，更强调在特定使用环境下必须具有高耐久性、高的体积稳定性以及良好的施工工作性。由于海洋环境的氯盐离子侵蚀、冻融循环、干湿交替以及风浪潮的冲刷等恶劣环境因素，致使海洋工程结构易于因钢筋锈蚀，引起过早破坏，影响海洋工程钢筋混凝土结构的耐久性，而高性能混凝土是提高海洋环境钢筋混凝土结构耐久性的有效选择。

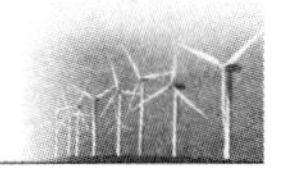

配制高性能混凝土应选用优质水泥、级配良好的优质骨料，同时掺加优质掺合料和与水泥匹配的高效减水剂。水泥宜选用标准稠度低、强度等级不低于42.5的中热硅酸盐水泥、普通硅酸盐水泥，不宜采用矿渣硅酸盐水泥、火山灰质硅酸盐水泥、粉煤灰硅酸盐水泥。细骨料宜选用级配良好、细度模数在2.6～3.2的中粗砂。粗骨料宜选用质地坚硬、级配良好、针片状少、空隙率小的碎石，其岩石抗压强度宜大于100MPa，或碎石压碎指标不大于10%。减水剂应选用与水泥匹配的坍落度损失小的高效减水剂，其减水率不宜小于20%。掺合料可选用细度不小于4000cm^2/g的磨细高炉矿渣、Ⅰ、Ⅱ级粉煤灰及硅灰等。

3. 合理增加钢筋保护层厚度

混凝土保护层是防止钢筋锈蚀的重要屏障，其中性化深度、有害离子扩散深度，均与结构物使用年限成比例关系。适当加大混凝土保护层的厚度，可以有效地延长结构物的使用年限。但保护层厚度也不能过厚，以防混凝土本身的脆性和收缩导致混凝土保护层开裂。海上风电机组混凝土基础的钢筋保护层厚度可参照表6-10和表6-11选取。

表6-10　钢筋混凝土保护层最小厚度　　单位：mm

建筑物所处地区	大气区	浪溅区	水位变动区	水下区
北方	50	50	50	30
南方	50	65	50	30

表6-11　预应力混凝土保护层最小厚度　　单位：mm

所在位置	大气区	浪溅区	水位变动区	水下区
保护层厚度	75	90	75	75

4. 特殊防腐蚀方法

(1) 混凝土表面涂层。涂层保护是在混凝土表面涂装有机涂料，通过隔绝腐蚀性介质与混凝土的接触达到延缓混凝土中钢筋腐蚀速度的目的。混凝土表面涂层是海洋工程混凝土结构耐久性特殊防护措施之一。引起混凝土内钢筋腐蚀最主要的原因是混凝土的碳化和氯化物的渗透。使用混凝土表面长效防腐涂层来保护钢筋混凝土是较为方便实用的方法，它可以有效阻止氯化物、溶解性盐类、氧气、二氧化碳和海水等腐蚀介质的浸入，从根本上切断腐蚀的源头。

混凝土属于强碱性的建筑材料，采用的涂层应具有良好的耐碱性、附着性和耐腐蚀性，环氧树脂、聚氨酯、丙烯酸树脂、氯化橡胶和乙烯树脂等涂料均可使用。海洋工程混凝土结构涂装位置应定在平均潮位以上部位，并将涂装范围分为表湿区和表干区。

涂层系统应由底层、中间层和面层或底层和面层的配套涂料涂膜组成。底层涂料（封闭漆）应具有低黏度和高渗透能力，能渗透到混凝土内起封闭孔隙和提高后续涂层附着力的作用；中间层涂料应具有较好的防腐蚀能力，能抵抗外界有害介质的入侵；面层涂料应具有抗老化性，对中间和底层起保护作用。选用的配套涂料之间应具有相容性，即后续涂料层不能伤害前一涂料所形成的涂层。

(2) 混凝土表面硅烷浸渍。混凝土表面硅烷浸渍是采用硅烷类液体浸渍混凝土表层，使该表层具有低吸水率、低氯离子渗透率和高透气性的防腐蚀措施。硅烷浸渍适用于海洋工程浪溅区混凝土结构表面的防腐蚀保护。宜采用异丁烯三乙氧基硅烷单体作为硅烷浸渍材料，其他硅烷浸渍材料经论证也可以采用。

混凝土硅烷浸渍防护技术是利用硅烷特殊的小分子结构，穿透混凝土的表层，渗入混凝土表面深层，分布在混凝土毛细孔内壁，与暴露在酸性和碱性环境中的空气及基底中的水分产生化学反应，在毛细孔的内壁及表面形成防腐渗透斥水层。通过抵消毛细孔的强制吸力，硅烷混凝土防护剂可以防止水分及可溶盐类，如氯盐的渗入。可有效防止基材因渗水、日照、酸雨和海水的侵蚀，而对混凝土及内部钢筋结构的腐蚀、疏松、剥落、霉变而引发的病变，还有很好的抗紫外线和抗氧化性能，能够提供长期持久的保护，提高结构的使用寿命。处理后的基材形成了远低于水的表面张力，并产生毛细逆气压现象，且不堵塞毛细孔，既防水又保持混凝土结构的"呼吸"。同时，因化学反应形成的硅酮高分子与混凝土有机结合为一整体，使基材具有了一定的韧性，能够防止基材开裂且能弥补 0.2mm 的裂缝。当防水表面由于非正常原因导致破损（如外力作用），其破损面上的硅烷与水分进行反应，使破损表面的防水层具有自我修复功能。除了公认的憎水性，硅烷混凝土防护剂也不会受到新浇混凝土碱性环境的破坏。相反，碱性环境会刺激该反应并加速斥水表面的形成。理论上，硅烷可以和混凝土同样持久，且混凝土强度越强使用寿命可能越长。

硅烷是一种新型的混凝土结构用有机防腐材料。从工程应用效果来看，硅烷不断向膏体化、凝胶化方向发展。硅烷浸渍防腐技术是一种有效提高混凝土结构防水、防护功能，延长混凝土工程使用寿命的新技术，具有广阔的应用前景。

(3) 环氧涂层钢筋。环氧涂层钢筋是将填料、热固环氧树脂与交联剂等外加剂制成的粉末，在严格控制的工厂流水线上，采用静电喷涂工艺喷涂于表面处理过的预热的钢筋上，形成具有一层坚韧、不渗透、连续的绝缘涂层的钢筋，从而达到防止钢筋腐蚀的目的。在普通钢筋表面喷涂的环氧树脂薄膜能明显提高钢筋的防腐蚀性能，此法是防止钢筋锈蚀的有效措施之一。涂层厚度一般在 180～300μm，适用于结构浪溅区和水位变动区。不同于通常的环氧树脂涂料涂刷在钢筋表面，环氧涂层钢筋制作是采用静电粉末喷涂的方法，在工厂内对钢筋表面进行涂层加工。环氧树脂粉末涂层具有以下性能：①与基体钢筋粘结良好；②抗拉、抗弯性能良好；③对混凝土的握裹力影响很小；④弹性和耐摩擦性良好；⑤耐碱性；⑥耐化学侵蚀。环氧涂层钢筋在制造和使用中，要保证钢筋表面环氧涂层的完整性。如果涂层不完整（有孔洞或膜层太薄等局部缺陷），这些涂层不完整的部位在腐蚀环境中，局部锈蚀发展常常比无涂层钢筋还要快。所以，环氧涂层钢筋对制作和施工工艺提出了很高的要求。

(4) 钢筋阻锈剂。阻锈剂能抑制钢筋电化学腐蚀，阻锈剂的加入可以有效阻止或延缓氯离子对钢筋的腐蚀。钢筋阻锈剂的实际功能，不是阻止环境中有害离子进入混凝土中，而是当有害离子不可避免地进入混凝土后，钢筋阻锈剂能使有害离子丧失侵害能力。实际是抑制、阻止、延缓钢筋腐蚀过程，从而达到延长结构物使用寿命的目的。钢筋阻锈剂具有：①一次性使用而长期有效（能满足 50 年以上设计寿命要求）；②使用成本较低；③施

工简单、方便，节省劳动力；④适用范围广等优点。

用于钢筋混凝土结构的阻锈剂本质是缓蚀剂，根据其作用原理的不同，可以分为阳极型阻锈剂、阴极型阻锈剂和复合型阻锈剂，这三种阻锈剂分别对阳极极化、阴极极化和阴阳极极化有阻滞作用。

1）阳极型。以亚硝酸盐、铬酸盐、苯甲酸盐为主要成分。其特点是具有接受电子的能力，能抑制阳极反应。

2）阴极型。以碳酸钠和氢氧化钠等碱性物质为主要成分。其特点是阴离子为强的质子受体，它们通过提高溶液 pH 值，降低 Fe 离子的溶解度而减缓阳极反应，或在阴极区形成难溶性被复膜而抑制反应。

3）复合型。复合型阻锈剂有硫代羟基苯胺等。其特点是分子结构中具有两个或更多的定位基团，既可作为电子授体，又可作为电子受体，兼具以上两种阻锈剂的性质，能够同时影响阴阳极反应。因此，它不仅能抑制氯化物侵蚀，而且能有效抑制金属表面上微电池反应引起的锈蚀。

对于海上风电机组混凝土基础，下列情况宜掺加亚硝酸钙阻锈剂，或以亚硝酸钙为主剂的复合阻锈剂，以及质量符合规定的其他阻锈剂：①因条件限制，混凝土构件的保护层偏薄；②混凝土氯离子含量超过要求；③恶劣环境中的重要工程，其浪溅区和水位变动区，要求进一步提高优质混凝土或高性能混凝土对钢筋的保护能力。

阻锈剂可与高性能混凝土、环氧涂层钢筋、混凝土表面涂层、硅烷浸渍等联合使用，并具有叠加保护效果。

6.3.2.2 混凝土结构防腐蚀要求

海洋工程混凝土结构必须进行防腐蚀设计，保证混凝土结构在设计使用年限内的安全和正常使用功能。混凝土结构防腐蚀设计，应针对结构预定功能和所处环境条件，选择合理的结构型式、构造和抗腐蚀性、抗渗性良好的优质混凝土。应根据预定功能和混凝土建筑物部位所处的环境条件，对混凝土提出不同的防腐蚀要求和措施。对处于浪溅区的混凝土构件，宜采用高性能混凝土，或同时采用特殊防腐蚀措施；处于浪溅区的构件，宜采用焊接性能好的钢筋。

混凝土预应力构件在作用的频遇组合（短期效应组合）时的混凝土拉应力限制系数 α_{ct} 和钢筋混凝土构件在作用的准永久组合（长期效应组合）时的最大裂缝宽度，不得超过表 6-12 规定的限值。

表 6-12 混凝土拉应力限制系数 α_{ct} 及最大裂缝宽度限值

构件类别	钢筋种类	大气区	浪溅区	水位变动区	水下区
预应力钢筋	冷拉Ⅱ级、Ⅲ级、Ⅳ级	$\alpha_{ct}=0.5$	$\alpha_{ct}=0.3$	$\alpha_{ct}=0.5$	$\alpha_{ct}=1.0$
	碳素钢丝、钢绞线、热处理钢筋、LL650 级或 LL800 级冷轧带肋钢筋	$\alpha_{ct}=0.3$	不允许出现拉应力	$\alpha_{ct}=0.3$	$\alpha_{ct}=0.5$
钢筋混凝土	Ⅰ级、Ⅱ级、Ⅲ级钢筋和 LL550 冷轧带肋钢筋	0.2mm	0.2mm	0.25mm	0.3mm

参　考　文　献

[1] NB/T 31006—2011 海上风电场钢结构防腐蚀技术标准 [S]. 北京：中国电力出版社，2011.

[2] JTS 153—3—2007 海港工程钢结构防腐蚀技术规范 [S]. 北京：人民交通出版社，2007.

[3] JTS 275—2000 海港工程混凝土结构防腐蚀技术规范 [S]. 北京：人民交通出版社，2000.

[4] GB 50010—2002 混凝土结构设计规范 [S]. 北京：中国建筑工业出版社，2002.

[5] JTS 202—2—2011 水运工程混凝土质量控制标准 [S]. 北京：人民交通出版社，2011.

[6] 柯伟，杨武．腐蚀科学技术的应用和实效案例 [M]. 北京：化学工业出版社，2006.

[7] 夏兰廷，等．金属材料的海洋腐蚀与防护 [M]. 北京：冶金工业出版社，2003.

[8] 侯保荣，等．海洋腐蚀与防护 [M]. 北京：科学出版社，1997.

[9] 周常蓉，朱卫华．海洋环境下钢结构的腐蚀机理 [J]. 科协论坛，2008 (9)：59-61.

[10] 宋玉普，宋立元．海洋钢筋混凝土结构腐蚀影响因素及提高其耐久性措施 [C]. 第十四届中国海洋（岸）工程学术讨论会论文集，2009.

[11] 刘斌云，张胜，李凯．海工混凝土结构的腐蚀机理与防腐措施 [J]. 工程建设与设计，2011 (1)：88-91.

[12] 王胜年，刘学庆，潘德强，万军杰．港口工程钢筋混凝土结构的腐蚀与防护 [J]. 防腐涂料与涂装，2008，23 (5)：59-62.

[13] 王彩华，吴剑锋，张丽娜．钢结构的腐蚀与防护 [J]. 建材技术与应用，2009 (2)：17-19.

本书编辑出版人员名单

责任编辑　殷海军　李　莉

封面设计　李　菲

版式设计　王　鹏　黄云燕

责任校对　张　莉　张伟娜

责任印制　崔志强　王　凌